高等职业技术教育"十二五"规划教材

模拟电路技术基础

主　编　赵建伟

副主编　周天泉　刘修军　漆晓静
　　　　王　二　谭克燕

主　审　马云凯　梁卫华

西南交通大学出版社
·成都·

内容简介

本书根据高等职业教育的特点及"十二五"规划的要求,以技术应用能力、职业素质培养为主线,按照实用、够用的原则设置和精选内容。

本书共分为 6 章,分别为半导体器件与实训、基本放大电路和多级放大电路与实训、集成运算放大器电路与实训、反馈放大电路与实训、低频功率放大电路与实训、直流稳压电源与实训。

本书可作为高职高专电气类专业模拟电路技术课程的教材,也适用于高等院校成人教育教学,同时也可供工程技术人员参考。

图书在版编目(CIP)数据

模拟电路技术基础 / 赵建伟主编. —成都:西南交通大学出版社,2014.1(2020.9 重印)
高等职业技术教育"十二五"规划教材
ISBN 978-7-5643-2840-5

Ⅰ. ①模… Ⅱ. ①赵… Ⅲ. ①模拟电路 – 高等职业教育 – 教材 Ⅳ. ①TN710

中国版本图书馆 CIP 数据核字(2014)第 018589 号

高等职业技术教育"十二五"规划教材

模拟电路技术基础

主编 赵建伟

责 任 编 辑	李芳芳
助 理 编 辑	罗在伟
特 邀 编 辑	李 伟
封 面 设 计	墨创文化
出 版 发 行	西南交通大学出版社
	(四川省成都市二环路北一段 111 号
	西南交通大学创新大厦 21 楼)
发 行 部 电 话	028-87600564 028-87600533
邮 政 编 码	610031
网 址	http://www.xnjdcbs.com
印 刷	成都蜀通印务有限责任公司
成 品 尺 寸	185 mm×260 mm
印 张	11.75
字 数	294 千字
版 次	2014 年 1 月第 1 版
印 次	2020 年 9 月第 4 次
书 号	ISBN 978-7-5643-2840-5
定 价	25.00 元

前　言

本书是根据高等职业教育通信技术及相近专业的教学要求而编写的。在编写过程中，结合专业特点，以"必需、够用和实用"为原则，突出学生的实践技能培养，将"教""学""做""评"融为一体。

全书共分为6章，分别为半导体器件与实训、基本放大电路和多级放大电路与实训、集成运算放大器电路与实训、反馈放大电路与实训、低频功率放大电路与实训、直流稳压电源与实训。

本书由赵建伟担任主编，并编写了第4章和第5章；第3章由周天泉编写；第1章和第2章由刘修军编写；第6章由漆晓静编写；各章中的实训部分及附录由王二和谭克燕编写。重庆电讯职业学院通信技术系主任梁卫华副教授和重庆普天普科通信技术有限公司马云凯高级工程师担任主审，并为本书的编写提出了很多指导性意见。

在编写本书的过程中，编者得到了重庆电讯职业学院和重庆普天普科通信技术有限公司各级领导、同事的悉心指导和帮助，在此表示衷心的感谢。

本书参考了众多专家、学者的研究成果，在此向所有作者表示深深的谢意。

由于编者水平有限，书中不妥之处在所难免，诚望读者批评指正。

编　者

2013 年 11 月于重庆

目　录

1 半导体器件

半导体器件是现代电子技术的基础，因为它是组成各种电子电路包括模拟电路、数字电路、集成电路和分立元件电路的基础。由于它具有体积小、质量轻、功耗小、使用寿命长等优点而得到广泛应用。本章简要介绍半导体的基础知识，并对半导体器件二极管与三极管及场效应管的结构、工作原理、特性曲线和主要参数等进行讨论。

1.1 半导体基础知识

自然界中的物质，按其导电能力可分为三大类：导体、绝缘体和半导体。

导体：容易导电的物质，电阻率小于 $10^{-4} \sim 10^{-6} \, \Omega \cdot m$，主要材料是金、银、铜、铁等。

绝缘体：不导电的物质，电阻率大于 $10^{10} \sim 10^{12} \, \Omega \cdot cm$，主要材料是陶瓷、云母、塑料、橡胶等。

半导体：导电能力介于导体和绝缘体之间的物质，电导率为 $10^{-9} \sim 10^{3} \, \Omega^{-1} \cdot cm^{-1}$，主要制造材料是硅（Si）、锗（Ge）或砷化镓（GaAs）等。

电子技术中的二极管、三极管都是用半导体材料制成的，为什么要用半导体材料制成二极管、三极管呢？因为它有以下 3 方面的特性。

热敏特性：半导体的导电能力随温度的变化而变化。利用这种特性，可制成热敏元件，如热敏电阻等。

光敏特性：半导体的导电能力与光照有关。利用这种特性，可制成光敏元件，如光敏电阻、光敏二极管、光敏三极管等。

掺杂特性：在半导体中掺入微量杂质后其导电能力要发生很大变化，利用这一特性，可制成半导体二极管、三极管、集成电路等。

1.1.1 本征半导体

完全纯净的、结构完整的半导体材料称为本征半导体。纯净的硅和锗都是四价元素，其原子核最外层电子数为 4 个（价电子）。在单结晶结构中，由于原子排列的有序性，价电子为相邻的原子所共有，形成如图 1.1 所示的共价键结构。

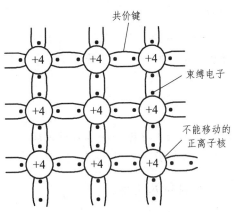

图 1.1 硅和锗的原子结构及共价键结构

1. 本征半导体的原子结构及共价键

共价键内的两个电子由相邻的原子各用一个价电子组成，称为束缚电子。

2. 本征激发和两种载流子

自由电子和空穴在室温和光照下，少数价电子获得足够的能量摆脱共价键的束缚成为自由电子。束缚电子脱离共价键成为自由电子后，在原来的位置留出一个空位，称此空位为空穴。温度升高，半导体材料中产生的自由电子便增多。本征半导体中，自由电子和空穴成对出现，数目相同。图 1.2 为本征激发所产生的电子空穴对。如图 1.3 所示，空穴（如图中位置 1）出现以后，邻近的束缚电子（如图中位置 2）可能获取足够的能量来填补这个空穴，而在这个束缚电子的位置又出现一个新的空位，另一个束缚电子（如图中位置 3）又会填补这个新的空位，这样就形成束缚电子填补空穴的运动。为了区别自由电子的运动，称此空穴位置的变化为空穴运动。

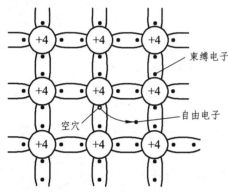

图 1.2 本征激发产生电子空穴对

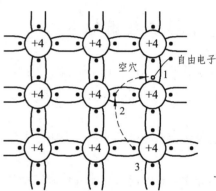

图 1.3 束缚电子填补空穴的运动

3. 半导体性质

（1）半导体中存在两种载流子，一种是带负电的自由电子，另一种是带正电的空穴，它们都可以运载电荷形成电流。

（2）本征半导体中，自由电子和空穴相伴产生，数目相同。

（3）一定温度下，本征半导体中电子空穴对的产生与复合相对平衡，电子空穴对的数目相对稳定。

（4）温度升高，激发的电子空穴对数目增加，半导体的导电能力增强。空穴的出现是半导体导电区别导体导电的一个主要特征。

1.1.2 杂质半导体

在本征半导体中加入微量杂质，可使其导电性能显著改变。根据掺入杂质的性质不同，杂质半导体分为：电子型（N 型）半导体和空穴型（P 型）半导体。

1. N 型半导体

在硅（或锗）半导体晶体中，掺入微量的五价元素，如磷（P）、砷（As）等，则构成 N

型半导体。五价的元素具有 5 个价电子，它们进入由硅（或锗）组成的半导体晶体中，五价的原子取代四价的硅（或锗）原子，在与相邻的硅（或锗）原子组成共价键时，因为多一个价电子不受共价键的束缚，很容易成为自由电子，于是半导体中自由电子的数目大量增加。自由电子参与导电移动后，在原来的位置留下一个不能移动的正离子，半导体仍然呈现电中性，但与此同时没有相应的空穴产生，如图 1.4 所示。

2. P 型半导体

在硅（或锗）半导体晶体中，掺入微量的三价元素，如硼（B）、铟（In）等，则构成 P 型半导体。三价的元素只有 3 个价电子，在与相邻的硅（或锗）原子组成共价键时，由于缺少一个价电子，在晶体中便产生一个空位，邻近的束缚电子如果获取足够的能量，有可能填补这个空位，使原子成为一个不能移动的负离子，半导体仍然呈现电中性，但与此同时没有相应的自由电子产生，如图 1.5 所示。

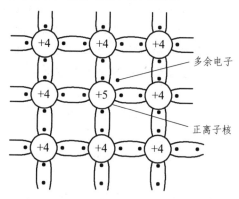

图 1.4　N 型半导体的共价键结构

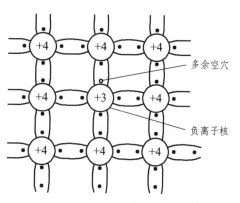

图 1.5　P 型半导体的共价键结构

1.1.3　PN 结及其单向导电性

1. PN 结的形成

多数载流子因浓度上的差异而形成的运动称为扩散运动，如图 1.6 所示。

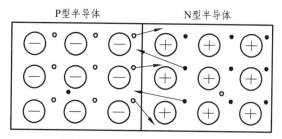

图 1.6　P 型和 N 型半导体交界处载流子的扩散

由于空穴和自由电子均是带电的粒子，所以扩散的结果使 P 区和 N 区原来的电中性被破坏，在交界面的两侧形成一个不能移动的带异性电荷的离子层，称此离子层为空间电荷区，即 PN 结，如图 1.7 所示。

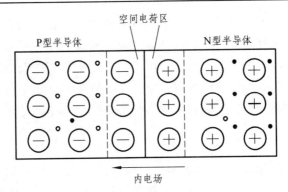

图 1.7　PN 结的形成

在空间电荷区，多数载流子已经扩散到对方并复合掉了，或者说消耗尽了，因此又称空间电荷区为耗尽层。空间电荷区出现后，因为正负电荷的作用，将产生一个从 N 区指向 P 区的内电场。内电场的方向，会对多数载流子的扩散运动起阻碍作用。同时，内电场则可推动少数载流子（P 区的自由电子和 N 区的空穴）越过空间电荷区，进入对方。少数载流子在内电场的作用下有规则地运动，称为漂移运动。漂移运动和扩散运动的方向相反。无外加电场时，通过 PN 结的扩散电流等于漂移电流，PN 结中无电流流过，PN 结的宽度保持一定而处于稳定状态。

2. PN 结的单向导电性

如果在 PN 结两端加上不同极性的电压，PN 结会呈现出不同的导电性能。

（1）PN 结外加正向电压。

在 PN 结的 P 端接高电位，N 端接低电位，称 PN 结外加正向电压，又称 PN 结正向偏置，简称正偏，如图 1.8 所示。外加电场与 PN 结形成的内电场方向相反，P 区的多子空穴（相当于正电荷）顺着外电场方向往中间运动，与 PN 结空间电荷区的负离子（硼离子）复合，N 区的自由电子（多子且为负电荷）逆着外电场方向也向中间靠拢，与 PN 结中的正离子（磷离子）复合，形成电中和，使得内电场的正负离子数都减少，耗尽层变窄，内电场被削弱；但空穴与正离子、电子与负离子均相互排斥，复合后剩下的正负离子数达到最少数量时，PN 结停止变窄，内电场达到最弱程度，形成导通压降（很小）；多子在外电场的作用下与空间电荷区的离子电中和产生定向扩散运动，形成导通电流，导通方向就是多子空穴的运动方向。

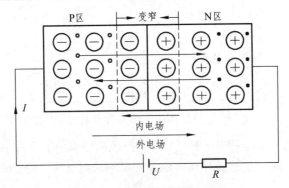

图 1.8　PN 结外加正向电压

（2）PN 结外加反向电压。

在 PN 结的 P 端接低电位，N 端接高电位，称 PN 结外加反向电压，又称 PN 结反向偏置，简称反偏，如图 1.9 所示。外加电场与 PN 结形成的内电场方向相同，P 区的多子空穴（相当于正电荷）顺着外电场方向向 P 区运动，使负离子（硼离子）数量增多，靠近 PN 结空间电荷区的电中和被破坏，N 区的自由电子（多子且为负电荷）逆着外电场方向向 N 区运动，使正离子（磷离子）数量增多，这样就使得内电场的正负离子数都增多，耗尽层变宽加厚，内电场被加强；但空穴与电子不能完全复合，正负离子数达到最多数量时，PN 结停止变宽，内电场达到最强程度，形成反向饱和压降（很大）；多子在外电场作用下的定向扩散运动受阻，少子的漂移运动形成极小的反向电流，几乎不能算作导通，称为截止状态。反向饱和电流方向由 N 区指向 P 区。

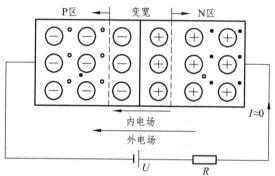

图 1.9　PN 结外加反向电压

PN 结的单向导电性是指 PN 结外加正向电压时处于导通状态，外加反向电压时处于截止状态。

1.2　半导体二极管

1.2.1　二极管的结构及符号

半导体二极管由一个 PN 结构成，因此同 PN 结一样具有单向导电性。二极管按半导体材料的不同可以分为硅二极管、锗二极管和砷化镓二极管等。按 PN 结的面积大小不同可分为点接触型、面接触型和平面型二极管，如图 1.10 所示。

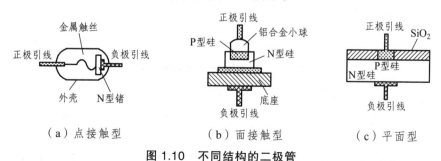

（a）点接触型　　　　（b）面接触型　　　　（c）平面型

图 1.10　不同结构的二极管

图 1.11 为二极管的符号。由 P 端引出的电极是正极，由 N 端引出的电极是负极，箭头的

方向表示正向电流的方向。

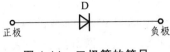

图 1.11 　二极管的符号

常见的二极管有金属、塑料和玻璃 3 种封装形式。按照应用的不同，二极管分为整流、检波、开关、稳压、发光、光电、快恢复和变容二极管等。

根据使用的不同，二极管的外形各异，图 1.12 为几种常见的二极管外形。

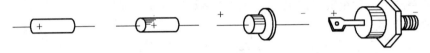

图 1.12 　常见的二极管外形

1.2.2 　二极管的伏安特性和主要参数

1. 二极管的伏安特性

二极管两端的电压 U 及其流过二极管的电流 I 之间的关系曲线，称为二极管的伏安特性。

（1）正向特性。二极管外加正向电压时，电流和电压的关系称为二极管的正向特性。如图 1.13 所示，当二极管所加正向电压比较小时（$0 < U < U_{th}$），二极管上流经的电流为 0，管子仍截止，此区域称为死区，U_{th} 称为死区电压（门坎电压）。硅二极管的死区电压约为 0.5 V，锗二极管的死区电压约为 0.1 V。

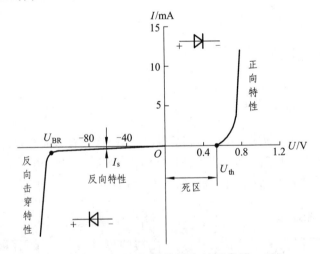

图 1.13 　二极管的伏安特性曲线

（2）反向特性。二极管外加反向电压时，电流和电压的关系称为二极管的反向特性。由图 1.13 可知，二极管外加反向电压时，反向电流很小（$I \approx -I_s$），而且在相当宽的反向电压范围内，反向电流几乎不变，因此称此电流值为二极管的反向饱和电流。

（3）反向击穿特性。由图 1.13 可知，当反向电压的值增大到 U_{BR} 时，反向电压值稍有增大，反向电流会急剧增大，称此现象为反向击穿，U_{BR} 为反向击穿电压。利用二极管的反向击穿特性，可以做成稳压二极管，但一般的二极管不允许工作在反向击穿区。

2. 二极管的温度特性

二极管是对温度非常敏感的器件。实验表明，随着温度的升高，二极管的正向压降会减小，正向伏安特性左移，即二极管的正向压降具有负的温度系数(约 $-2\ \text{mV/°C}$)；温度升高，反向饱和电流会增大，反向伏安特性下移，温度每升高 $10\ \text{°C}$，反向电流大约增加一倍。图 1.14 为温度对二极管伏安特性的影响。

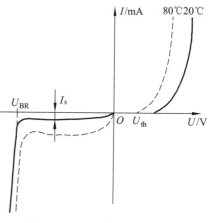

图 1.14　二极管的温度特性

1.2.3　二极管的测试

1. 二极管极性的判定

将红、黑表笔分别接二极管的两个电极，若测得的电阻值很小（几千欧以下），则黑表笔所接电极为二极管的正极，红表笔所接电极为二极管的负极；若测得的阻值很大（几百千欧以上），则黑表笔所接电极为二极管的负极，红表笔所接电极为二极管的正极，如图 1.15 所示。

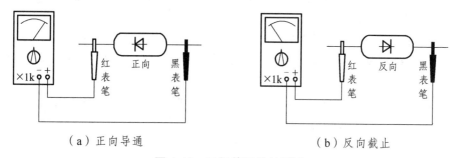

（a）正向导通　　　　　　　　　　（b）反向截止

图 1.15　二极管极性的测试

2. 二极管好坏的判定

（1）若测得的反向电阻很大（几百千欧以上），正向电阻很小（几千欧以下），表明二极管性能良好。

（2）若测得的反向电阻和正向电阻都很小，表明二极管短路，已损坏。

（3）若测得的反向电阻和正向电阻都很大，表明二极管断路，已损坏。

1.2.4　特殊二极管

1. 稳压二极管

稳压二极管又名齐纳二极管，简称稳压管，是一种用特殊工艺制作的面接触型硅半导体二极管，这种管子的杂质浓度比较大，容易发生击穿，其击穿时的电压基本上不随电流的变化而变化，从而达到稳压的目的。稳压管工作于反向击穿区。

（1）稳压管的伏安特性和符号。

图 1.16 为稳压管的伏安特性和符号。

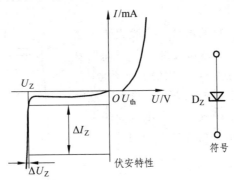

图 1.16　稳压管的伏安特性和符号

（2）稳压管的主要参数。

① 稳定电压 U_Z：当稳压管中的电流为规定值时，稳压管在电路中其两端产生的稳定电压值。

② 稳定电流 I_Z：当稳压管工作在稳压状态时，稳压管中流过的电流有最小稳定电流 I_{Zmin} 和最大稳定电流 I_{Zmax} 之分。

③ 耗散功率 P_M：当稳压管正常工作时，管子上允许的最大耗散功率。

（3）应用稳压管应注意的问题。

① 稳压管稳压时，一定要外加反向电压，保证管子工作在反向击穿区。当外加的反向电压值大于或等于 U_Z 时，才能起到稳压作用；若外加的电压值小于 U_Z，稳压管相当于普通二极管。

② 在稳压管稳压电路中，一定要配合限流电阻的使用，保证稳压管中流过的电流在规定的范围之内。

2. 发光二极管

发光二极管是一种光发射器件，英文缩写为 LED。此类管子通常由镓（Ga）、砷（As）、磷（P）等元素的化合物制成。管子正向导通，当导通电流足够大时，能把电能直接转换为光能，发出光来。目前，发光二极管的颜色有红、黄、橙、绿、白和蓝 6 种，所发光的颜色主要取决于制作管子的材料，例如，用砷化镓发出红光，而用磷化镓则发出绿光。其中，白色发光二极管是新型产品，主要应用在手机背光灯、液晶显示器背光灯、照明等领域。发光二极管工作时导通电压比普通二极管大，其工作电压随材料的不同而不同，一般为 1.7 ~ 2.4 V。普通绿、黄、红、橙色发光二极管工作电压约为 2 V；白色发光二极管的工作电压通常高于 2.4 V；蓝色发光二极管的工作电压一般高于 3.3 V。发光二极管的工作电流一般在 2 ~ 25 mA。发光二极管应用非常广泛，常用作各种电子设备（如仪器仪表、计算机、电视机等）的电源指示灯和信号指示灯等，还可以做成七段数码显示器等。

发光二极管的另一个重要用途是将电信号转换为光信号。普通发光二极管的符号和外形如图 1.17 所示，图 1.17（b）中的长引脚为正极。

（a）符号　　　　　　　　　　　（b）外形

图 1.17　发光二极管的符号和外形

3. 光电二极管

光电二极管又称光敏二极管，它是一种光接收器件，其 PN 结工作在反偏状态，可以将光能转换为电能，实现光电转换。图 1.18 为光电二极管的基本电路和符号。

4. 变容二极管

变容二极管是利用 PN 结的电容效应进行工作的，它工作在反向偏置状态，当外加的反偏电压变化时，其电容量也随着改变。图 1.19 为变容二极管的符号。

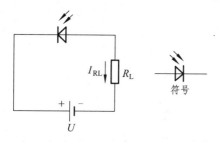

图 1.18　光电二极管的基本电路和符号　　　**图 1.19　变容二极管的符号**

5. 激光二极管

激光二极管是在发光二极管的 PN 结间安置一层具有光活性的半导体，构成一个光谐振腔。工作时接正向电压，可发射出激光。激光二极管的应用非常广泛，在计算机的光盘驱动器、激光打印机中的打印头、激光唱机、激光影碟机中都有激光二极管。

1.2.5　二极管应用电路举例

普通二极管的应用范围很广，可用于开关、稳压、整流、限幅等电路。图 1.20 为二极管的典型应用电路。

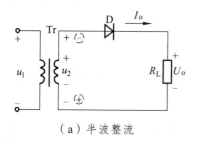

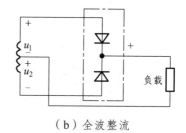

（a）半波整流　　　　　　　　　　　　（b）全波整流

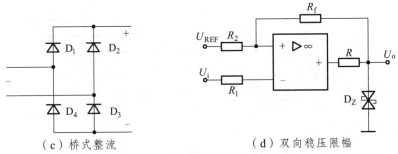

（c）桥式整流　　　　　　　　（d）双向稳压限幅

图 1.20　二极管的典型应用电路

1. 开关二极管的应用

由于二极管具有正偏导通、反偏截止的特性，所以可以当作一个电子开关来使用。

【例 1.1】 电路如图 1.21（a）所示，试判断二极管的工作状态，并求回路中的电流大小。

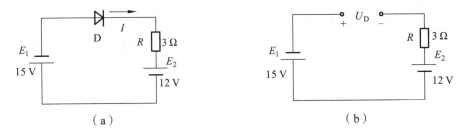

（a）　　　　　　　　　　　　　　　（b）

图 1.21　例 1.1 图

【解】 首先断开二极管，如图 1.21（b）所示，求其开路电压 U_D（相当于在实验室用一个伏特表替代二极管，测电压大小）。根据基尔霍夫定律可得

$$U_D = -15 - 12 = -27（V）<0$$

所以二极管反偏截止，等效为开路，回路电流 I 为零。

【例 1.2】 电路如图 1.22（a）所示，试判断各二极管的工作状态，并求输出电压的大小。

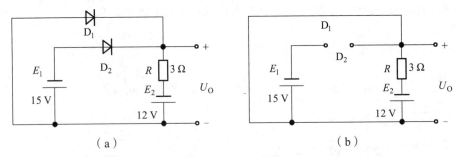

（a）　　　　　　　　　　　　　　　（b）

图 1.22　例 1.2 图

【解】 首先断开两个二极管，分别求其开路电压。根据电路定律可得

$$U_{D1} = 12 \text{ V}, \quad U_{D2} = -15 + 12 = -3（V）$$

由此可判断二极管 D_1 正偏导通，等效为短路；二极管 D_2 反偏截止，等效为开路，如图 1.22（b）所示。所以，输出电压 $U_O = 0$ V。

有时会出现两个二极管的开路电压均为正值的情况，这时需要考虑优先导通权。

【例 1.3】 电路如图 1.23 所示，试判断各二极管的工作状态，并求输出电压的大小。

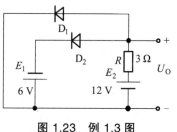

【解】 首先断开两个二极管，分别求其开路电压。根据电路定律可得

$$U_{D1} = 12 \text{ V} > 0, \quad U_{D2} = 12 + 6 = 18 \text{（V）} > 0$$

由于 $U_{D1} > U_{D2}$，因此 D_2 优先导通，D_2 等效为短路，得到电路

图 1.23　例 1.3 图

如图 1.24（a）所示。在图 1.24（a）中，由于开路电压 $U_{D1} = -6$ V，所以二极管 D_1 反偏截止，D_1 等效为开路，得到电路如图 1.24（b）所示。故可得输出电压 $U_O = -6$ V。

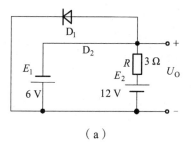
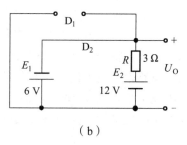

（a）　　　　　　　　　　　　（b）

图 1.24　等效电路图

以后遇到类似的情况，一定要注意一个二极管优先导通后，需要重新求另一个二极管的开路电压，并据此判断该二极管的工作状态。

【例 1.4】 电路和输入电压的波形如图 1.25 所示，试分析灯泡的亮、灭状态。

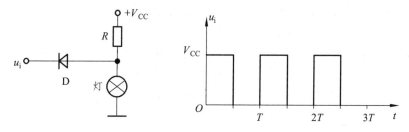

图 1.25　例 1.4 图

【解】 由图 1.25 可知，输入信号只有两种状态，一种是高电平 $U_{IH} = V_{CC}$，一种是低电平 $U_{IL} = 0$。当输入电压为高电平（V_{CC}）时，二极管处于截止状态，等效为开路，电源 V_{CC} 通过电阻 R 向灯泡供电，灯泡亮；当输入电压为低电平（0）时，二极管处于导通状态，等效为短路，灯泡被二极管等效的导线短路，灯泡灭。

在上述例题中，二极管都相当于一个受外加电压极性控制的开关，我们称之为二极管的开关特性，其应用非常广泛。

2. 整流二极管的应用

在模拟电路中常常利用二极管的单向导电性来达到整流的目的。所谓整流就是将交流信号转换为脉动的直流信号。

【例 1.5】 如图 1.26（a）所示的电路，若已知 $u_i = U_m \sin \omega t$，试画出输出电压的波形。

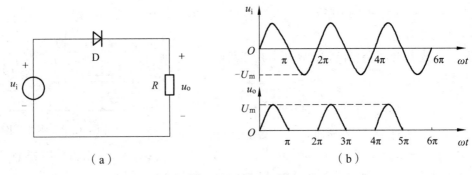

图 1.26　例 1.5 图

【解】　首先确定电压源为一正弦波信号。

当正半周来临时，二极管两端的信号大于零，二极管正偏导通，等效为短路，所以负载上得到全部正半周的信号；当负半周来临时，二极管两端的信号小于零，二极管反偏截止，等效为开路，电路中没有电流，负载上的压降为零。

其输出电压波形如图 1.26（b）所示，实际上该电路实现了半波整流的功能。一般对整流二极管所能承受的最大正向电流和反向最大工作电压要求比较高。

3. 稳压二极管的应用

稳压二极管是一种非常特殊的二极管，由二极管的伏安特性曲线可知，如果二极管工作在反向击穿区，则反向电流的变化量 Δi 较大时，管子两端相应的电压变化量 Δu 却很小，说明其具有"稳压"特性。利用这种特性可以做成稳压管。所以，稳压管实质上就是一个二极管。所不同的是正常工作时它处于反向击穿区，它能够把加载的反偏电压"钳位"在稳压二极管的稳压值 U_Z。稳压管的伏安特性及管子符号如图 1.16 所示。

【例 1.6】　稳压电路如图 1.27 所示，已知 $U_I = 16$ V，$R = 0.8$ kΩ，稳压二极管的稳压值 $U_Z = 6.2$ V，负载电阻 $R_L = 2$ kΩ。试求 U_O 和负载上的电流 I_L。

【解】　由稳压二极管的稳压特性，首先确定 $U_O = U_Z = 6.2$ V。

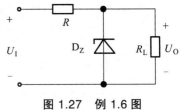

所以
$$I_L = \frac{U_Z}{R_L} = \frac{6.2 \text{ V}}{2 \text{ kΩ}} = 3.1 \text{ mA}$$

图 1.27　例 1.6 图

1.3　半导体三极管

晶体三极管是组成各种电子电路的核心器件，尤其是放大电路的核心器件。晶体三极管中多子和少子两种载流子都参与导电，又称为双极型三极管，简称三极管。

1.3.1　三极管的结构与符号

我国生产的晶体三极管，目前最常见的有两大类：NPN 型和 PNP 型。无论采用硅或锗材料都可制成这两类，一般硅材料管多为 NPN 型，锗材料管多为 PNP 型。其结构与电路符号如图 1.28 所示。

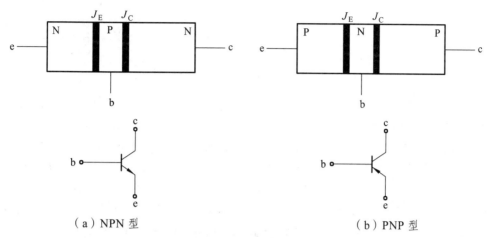

（a）NPN 型　　　　　　　　　　　（b）PNP 型

图 1.28　三极管的结构与符号

以 NPN 型三极管为例，它是在一块衬底上面从左到右依次做成 N 型、P 型、N 型半导体。其中，左边的 N 型半导体区域采用重掺杂工艺，使得该 N 区的自由电子浓度很高，称为发射区。从发射区引出一个金属电极，称为发射极，用字母 e（或 E）表示。中间的 P 型半导体区域采用轻掺杂工艺，而且该区域做得很薄，称为基区。从基区引出一个金属电极，称为基极，用字母 b（或 B）表示。右边的 N 型半导体区域在制作时使得该区域面积很大，与发射区的结构明显不同，称为集电区。从集电区引出一个金属电极，称为集电极，用字母 c（或 C）表示。

这样，在不同类型半导体的交接面，就形成了两个 PN 结。在基区与发射区之间的 PN 结，称为发射结，用字母 J_E 表示；在基区与集电区之间的 PN 结，称为集电结，用字母 J_C 表示。整个三极管看起来就像两个背对背串联的 PN 结，但是由于它有 3 个电极加电工作，而且每个杂质半导体区域结构迥异，所以其工作原理相当复杂。

NPN 型和 PNP 型三极管的电路符号基本相同，区别在于发射极箭头的方向不同。NPN 型三极管的箭头向外，PNP 型三极管的箭头向里。箭头方向除了表示三极管的不同型号以外，还表示当发射结正偏时，三极管发射极的实际电流方向。

1.3.2　三极管的电流分配原则及放大作用

1. 三极管的工作状态

二极管按其 PN 结的偏置状态可以分为正偏、反偏两种工作状态。三极管有两个 PN 结，按其偏置状态可以分为 4 个工作状态。

（1）饱和状态：两个 PN 结都正偏，记为 $J_E>0$、$J_C>0$，该状态主要应用于数字电路。

（2）截止状态：两个 PN 结都反偏，记为 $J_E<0$、$J_C<0$，该状态主要应用于数字电路。

（3）放大状态：发射结正偏、集电结反偏，记为 $J_E>0$、$J_C<0$，该状态主要应用于模拟放大电路。

（4）反向工作状态：发射结反偏、集电结正偏，记为 $J_E<0$、$J_C>0$，该状态一般不用。

【**例 1.7**】　试判断图 1.29 中各三极管的工作状态。

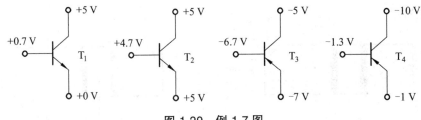

图 1.29　例 1.7 图

【解】　T_1 是 NPN 型三极管，由图可知 $U_C = 5$ V，$U_B = 0.7$ V，$U_E = 0$ V。因为 $U_B > U_E$，所以发射结正偏；又因为 $U_C > U_B$，所以集电结反偏。因此，三极管 T_1 处于放大状态。

T_2 也是 NPN 型三极管，由图可知 $U_C = 5$ V，$U_B = 4.7$ V，$U_E = 5$ V。因为 $U_B < U_E$，所以发射结反偏；又因为 $U_C > U_B$，所以集电结也反偏。因此，三极管 T_2 处于截止状态。

T_3 是 PNP 型三极管，由图可知 $U_C = -5$ V，$U_B = -6.7$ V，$U_E = -7$ V。因为 $U_B > U_E$，所以发射结反偏；又因为 $U_C > U_B$，所以集电结正偏。因此，三极管 T_3 处于反向工作状态。

T_4 也是 PNP 型三极管，由图可知 $U_C = -10$ V，$U_B = -1.3$ V，$U_E = -1$ V。因为 $U_B < U_E$，所以发射结正偏；又因为 $U_C < U_B$，所以集电结反偏。因此，三极管 T_4 处于放大状态。

综上所述，判断三极管工作状态的关键在于确定发射结、集电结的偏置状态，需要注意的是 NPN 型和 PNP 型三极管的 PN 结方向是刚好相反的。

反过来，如果已知三极管处于放大状态，且 3 个电极的电位也已知，那么可以判断出每个电极对应的名称、三极管的管型，甚至三极管的材料，这在实际电路测试中经常会遇到。

【例 1.8】　已知图 1.30 中的三极管都处于放大状态，试判断各电极对应的名称、管型和材料。

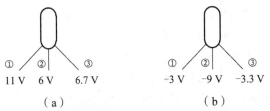

图 1.30　例 1.8 图

【解】　无论 NPN 型还是 PNP 型三极管要满足放大状态，都必须满足发射结正偏、集电结反偏这个条件。即 NPN 型要满足 $U_C > U_B > U_E$，PNP 型要满足 $U_E > U_B > U_C$。它们的共同点是基极处于中间电位，利用这点可以判断出图 1.30（a）中③对应的是基极 b。又由于发射结正偏、集电结反偏，且 PN 结正偏时导通、反偏时截止，所以正偏的发射结 be 之间压降应该很小，反偏的集电结 bc 之间压降应该很大。因此，可以判断与基极电位相差较小的是发射极，相差较大的是集电极，即图 1.30（a）中②对应的是发射极 e，①对应的是集电极 c。

又因为 $U_C > U_B > U_E$（$U_① > U_③ > U_②$），所以图 1.30（a）所示的三极管是 NPN 型三极管。

在图 1.30（a）中 $U_{BE} = U_B - U_E = 0.7$ V，所以该三极管是硅材料做成的，因为硅的正向压降在 $0.6 \sim 0.8$ V。

综上所述，图 1.30（a）所示的三极管是 NPN 型硅管，①—c，②—e，③—b。

同理，可以判断出在图 1.30（b）中③对应的是基极 b，①对应的是发射极 e，②对应的是集电极 c。

又因为 $U_E > U_B > U_C$（$U_①> U_③> U_②$），所以图 1.30（b）所示的三极管是 PNP 型三极管。

在图 1.30（b）中 $U_{EB} = U_E - U_B = 0.3$ V，所以该三极管是锗材料做成的，因为锗的正向压降在 0.2 ~ 0.4 V。

综上所述，图 1.30（b）所示的三极管是 PNP 型锗管，①—e，②—c，③—b。

2. NPN 型三极管的放大工作原理

三极管的放大能力从本质上来讲，是由于加在两个 PN 结上的电压变化引起内部载流子运动体现出来的。下面就以 NPN 型三极管为例讲解三极管的放大工作原理，其内部载流子的运动如图 1.31 所示。

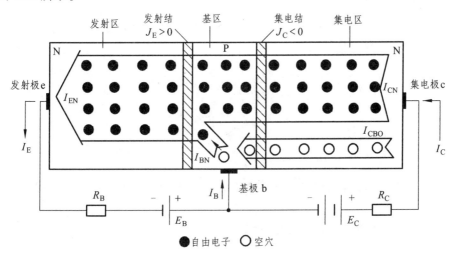

图 1.31　内部载流子的运动

（1）发射区向基区注入多子（自由电子）。

由于发射区重掺杂，多子浓度高，发射区的自由电子向基区扩散，且得到发射结正偏电压的加强。这些自由电子穿过发射结，到达基区，形成电流，其方向与电子运动的方向相反，如图 1.31 所示形成的电子扩散电流 I_{EN}，它是发射极电流 I_E 的重要组成部分。同时，基区的多子空穴也会向发射区扩散，形成空穴扩散电流 I_{EP}，但由于基区的空穴浓度比发射区的电子浓度低得多，该电流可以忽略不计（图上未标）。因此，发射极电流 I_E 主要由发射区发射的电子形成，即 $I_E = I_{EN}$。

（2）自由电子在基区的复合与扩散。

进入基区的自由电子少部分将和基区的空穴复合，形成基极复合电流 I_{BN}，它是基极电流 I_B 的主要组成部分。而大部分自由电子由于浓度差和基区薄厚度的关系，将继续向集电区方向扩散，且该运动还得到集电结反偏电压的加强，迅速穿越基区，进入集电区。

（3）集电区收集自由电子。

扩散到集电区的电子将被集电区收集，形成集电极电流的主要部分 I_{CN}，由于集电区具有大面积的特点，所以能收集大量自由电子，形成的电流也比较大。

（4）集电区少子（空穴）和基区少子（自由电子）漂移形成反向饱和电流。

因集电结反偏，集电区的少子（空穴）将向基区漂移，基区的少子（自由电子）将向集电区漂移，它们形成反向饱和电流 I_{CBO}，其中又以集电区的少子空穴漂移为主。

（5）三极管的电流分配关系。

综上所述，三极管各极电流满足下列关系：

$$\begin{cases} I_E = I_{EN} = I_{BN} + I_{CN} \\ I_B = I_{BN} - I_{CBO} \\ I_C = I_{CN} + I_{CBO} \\ I_E = I_B + I_C \end{cases}$$

由此可见，三极管各极电流之间是相互联系的。各极电流的分配关系主要取决于发射区注入电流在基区中扩散和复合的比例关系，通过改变三极管外加的偏置电压大小就可以影响各极电流的大小。

我们用参数 $\overline{\beta}$ 来表示发射区注入电流在基区中扩散和复合的比例关系，它又被称为共发射极直流电流放大系数，即

$$\overline{\beta} = \frac{I_{CN}}{I_{BN}} = \frac{I_C - I_{CBO}}{I_B + I_{CBO}} \approx \frac{I_C}{I_B}$$

由此可得

$$I_C = \overline{\beta} I_B$$
$$I_E = (1 + \overline{\beta}) I_B$$

这是今后计算三极管静态工作点的重要公式，一般三极管的 $\overline{\beta}$ 值为几十到几百。

1.3.3　三极管的特性曲线及主要参数

三极管的特性曲线是指三极管各电极电压和电流之间的关系曲线，无论是相对于电阻还是二极管，三极管的压流关系（伏安特性）都比较复杂。工程上一般用输入特性曲线和输出特性曲线一起来描述三极管的伏安特性，它是三极管内部载流子运动的外部表现。下面仍以NPN 型三极管共发射极组态为例来讲解三极管的特性曲线，图 1.32 是其伏安特性曲线的测试电路。

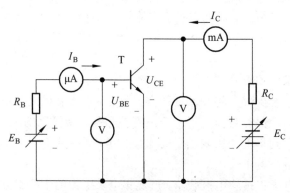

图 1.32　伏安特性曲线的测试电路

1. 输入特性曲线

输入特性曲线是描述当三极管输出电压 U_{CE} 不变时，三极管输入电压 U_{BE} 与输入电流 I_B

之间的关系曲线，通常用方程 $I_B = f(U_{BE})\big|_{U_{CE}=C}$ 来表示。

通过测试，可以用图 1.33 中的一组曲线来表示。

由图 1.33 可见，不同的 U_{CE} 对应不同的曲线，当 U_{CE} 增大时，输入特性曲线右移。但当 $U_{CE} \geqslant 1\ \text{V}$ 以后几乎重合，而实际使用时 U_{CE} 总是大于 1 V，所以三极管的输入特性曲线可以用 $U_{CE} = 1\ \text{V}$ 的那条曲线来代替。

2. 输出特性曲线

输出特性曲线是描述当三极管输入电流 I_B 不变时，三极管输出电压 U_{CE} 与输出电流 I_C 之间的关系曲线，通常用方程 $I_C = f(U_{CE})\big|_{I_B=C}$ 来表示。

通过测试，可以用图 1.34 中的一组曲线来表示。

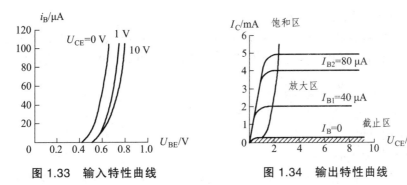

图 1.33　输入特性曲线　　　　图 1.34　输出特性曲线

由图 1.34 可见，不同的 I_B 对应不同的曲线，当 I_B 增大时输出特性曲线上移。整个输出特性曲线可以划分为 3 个工作区域。

（1）饱和区：输出特性曲线上升阶段与 I_C 轴之间的区域。在此区域内，U_{CE} 略有增加时，I_C 增加得很快，不同的 I_B 所对应的曲线上升阶段几乎是重合的。这时，I_C 不受 I_B 控制，只随 U_{CE} 的变化而变化，称为饱和状态。三极管饱和时，U_{CE} 常用饱和管压降 U_{CES} 来表示，一般小功率的管子 U_{CES} 为 0.3 ~ 0.5 V，大功率的管子 U_{CES} 为 1 ~ 4 V。三极管工作于饱和区时，发射结和集电结都正偏。

（2）放大区：每条输出特性曲线变化比较平坦，几乎与 U_{CE} 轴平行所组成的区域。在此区域内，I_C 不随 U_{CE} 变化，呈现出一种恒流特性。但是，当 I_B 变化时，I_C 迅速变化，且 I_B 等距变化时，I_C 也等距变化，用 $\beta = \dfrac{\Delta I_C}{\Delta I_B}$ 来表示，称之为共发射极交流放大系数。它表示了 I_B 对 I_C 的控制作用或 I_C 对 I_B 的放大作用。三极管工作于放大区时，发射结正偏、集电结反偏。

（3）截止区：$I_B = 0$ 所对应的曲线与 U_{CE} 轴之间的区域。在此区域内，三极管处于截止状态，即发射结和集电结都反偏，三极管不具备放大能力。

3. 主要参数

（1）电流放大系数。

① 共发射极电流放大系数 β 和 $\overline{\beta}$。

它体现了共发射极接法时三极管的电流放大能力的大小。在低频范围内，两者的值相近，以后不再区分。β 的大小可以在参数手册中查得，也可利用定义式在输出曲线上求得。低频时，它的值在 20~200。理想情况下，β 在放大区内处处相等，即在放大区内，当 I_B 等距变化时，I_C 也等距变化，如图 1.35 所示。

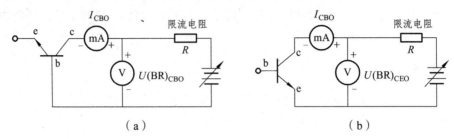

图 1.35　共发射极电流放大

② 共基极电流放大系数 α 和 $\bar{\alpha}$。

它体现了共基极接法时三极管的电流放大作用。α 与 $\bar{\alpha}$ 仍不区分，表示扩散到集电区的电子与发射区发射的所有电子之间的比例关系。它的值在 0.95~0.99。α 与 β 的关系如下：

$$\alpha = \frac{\beta}{1+\beta} \quad 或 \quad \beta = \frac{\alpha}{1-\alpha}$$

（2）极间反向电流。

① 反向饱和电流 I_{CBO}。

I_{CBO} 的下标 CB 代表集电极和基极，O 是 Open 的字头，代表第 3 个电极 E 开路，即当发射极开路时集电极与发射极之间的反向电流，如图 1.36 中 a 情况下测得的电流。一般小功率锗管 I_{CBO} 为几微安到几十微安，硅管的 I_{CBO} 要小得多，有的为纳安数量级。

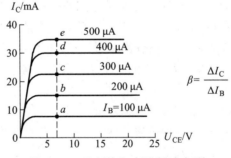

图 1.36　反向饱和电流测试电流

② 反向穿透电流 I_{CEO}。

I_{CEO} 表示当基极开路时，集电极与发射极之间的反向电流，如图 1.36 中 b 情况下测得的电流。它与 I_{CBO} 的关系为

$$I_{CEO} = (1+\beta)I_{CBO}$$

因此，当 I_{CBO} 越大时，I_{CEO} 也越大；当然，β 越大，I_{CEO} 也越大。而 I_{CBO} 和 I_{CEO} 都是由少子运动形成的，所以它们对温度都很敏感。当温度升高时，I_{CBO} 和 I_{CEO} 都将急剧增大。实际工作中选用三极管时，希望 I_{CBO} 和 I_{CEO} 值尽量小一些。因为这两个值越小，I_C 就越接近 βI_B，即 I_{CBO} 和 I_{CEO} 对放大过程影响越小，表明三极管的质量越好。

（3）极限参数。

① 集电极最大允许电流 I_{CM}。

集电极电流过大时，三极管的 β 值要减小。I_{CM} 就是表示当 β 下降到额定值的 2/3 时所对应的集电极电流。一般小功率管的 I_{CM} 在几十毫安，大功率管的 I_{CM} 在数安以上。当 $I_C > I_{CM}$ 时，β 值将下降到额定值的 2/3，管子的性能显著下降，甚至可能烧坏三极管。

② 反向击穿电压。

它表示外加在三极管各极之间的最大允许反向电压，如果超过某个限度，则管子的反向电流急剧增大，甚至可能击穿而损坏管子。反向击穿电压主要有以下几个：

$U_{(BR)CBO}$——发射极开路时，CB 之间的反向击穿电压，如图 1.36 中 a 测得的最大电压。

$U_{(BR)CEO}$——基极开路时，CE 之间的反向击穿电压，如图 1.36 中 b 测得的最大电压。

③ 集电极最大允许损耗功率 P_{CM}。

P_{CM} 是指集电极上允许的最大损耗功率。当三极管正常工作时，其管压降为 U_{CE}，集电极电流为 I_C，则管子的损耗功率为 $P_C = I_C U_{CE}$。集电极消耗的电能转化为热能，会使管子温度升高。若管子的温度过高，将使三极管的性能变差甚至损坏，所以应对 P_C 有一定的限制。在三极管的输出特性上，将 I_C 与 U_{CE} 的乘积等于规定值 P_{CM} 的各点连接起来，可以得到一条曲线，如图 1.37 所示。双曲线左下方的区域满足 $P_C < P_{CM}$，是安全区。在双曲线右上方，$P_C > P_{CM}$，属于过损耗区，是管子的不安全工作区。

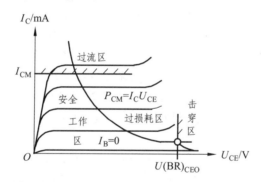

图 1.37 晶体管的 P_{CM} 线

表 1.1 为常见三极管的参数表。

表 1.1 常见三极管的参数表

参数型号	P_{CM} /mW	I_{CM} /mA	$U_{(BR)CBO}$ /V	$U_{(BR)CEO}$ /V	$U_{(BR)EBO}$ /V	I_{CBO} /μA	f_T /MHz
3AX31D	125	125	20	12		≤6	*≥8
3BX31C	125	125	40	24		≤6	*≥8
3CG101C	100	30	45			0.1	100
3DG123C	500	50	40	30		0.35	
SDD101D	5 000	5 000	300	250	4	<2 000	
3DK100B	100	30	25	15		≤0.1	300
3DK23	250 000	30 000	400	325			8

注：*为 f_β。

附：半导体三极管的型号说明

国家标准对半导体三极管的命名如图 1.38 所示。

第二位：A 表示锗 PNP 管、B 表示锗 NPN 管、C 表示硅 PNP 管、D 表示硅 NPN 管。第三位：X 表示低频小功率管、D 表示低频大功率管、G 表示高频小功率管、A 表示高频大功率管、K 表示开关管。

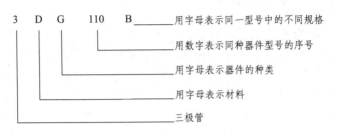

图 1.38　半导体三极管命名图

1.4　场效应管

场效应管是一种利用电场效应来控制电流的半导体器件。由于它只有多子参与导电，所以又称为单极型晶体管。与三极管相比，它是一种用输入电压控制输出电流的半导体器件，所以又称为电压控制型器件。

按参与导电的多子来分，场效应管可以分为电子作为载流子的 N 沟道器件和空穴作为载流子的 P 沟道器件。按场效应管的内部结构来分，可以分为结型场效应管 JFET（Junction Type Field Effect Transistor）和绝缘栅型场效应管 IGFET（Insulated Gate Field Effect Transistor）两大类。IGFET 也称金属-氧化物-半导体三极管 MOSFET（Metal Oxide Semiconductor FET）。

因此，场效应管分为 N-结型场效应管、P-结型场效应管、N-MOS-增强型场效应管、P-MOS-增强型场效应管、N-MOS-耗尽型场效应管和 P-MOS-耗尽型场效应管 6 种。

由于场效应管具有体积小、质量轻、功耗小、输入阻抗高、噪声低、热稳定性好、抗辐射能力强和制造工艺简单等优点，它的应用范围非常广泛，特别是在大规模和超大规模集成电路中得到了普及。目前，国际上将场效应管的应用提到了一个非常重要的位置。

1.4.1　结型场效应管

结型场效应管按结构可以分为 N 沟道结型场效应管和 P 沟道结型场效应管。下面以 N 沟道结型场效应管为例，简单讲述结型场效应管。

1. 结型场效应管的结构与电路符号

结型场效应管的结构如图 1.39 所示，它是在 N 型半导体硅片的两侧各制作一个 P 型重掺杂半导体区域，形成两个 PN 结夹着一个 N 型导电沟道的结构。两个 P 区连接在一起，即为栅极 G，相当于三极管的基极 b。N 型导电沟道的一端是漏极 D，相当于三极管的集电极 c；

另一端是源极 S，相当于三极管的发射极 e。场效应管的源极 S 通常与衬底 B 连接在一起，与漏极 D 相区别。图 1.40 为 N 沟道结型场效应三极管的符号。

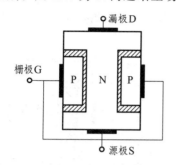

图 1.39　N 沟道结型场效应管的结构　　　　　　图 1.40　N 沟道结型场效应管的符号

2. 结型场效应管的工作原理与特性曲线

结型场效应管的工作原理与三极管有着本质不同，它是通过外加电压控制耗尽层的变化来改变导电沟道的宽窄，从而控制漏极电流的大小，是一种电压控制型器件。下面以 N 沟道结型场效应管为例讲述它的工作原理。

要使得结型场效应管正常工作，必须保证两个 PN 结都反偏，即在栅源之间外加反向电压（$U_{GS}<0$），在漏源之间加正向电压（$U_{DS}>0$），如图 1.41 所示。由于栅源之间的 PN 结处于反偏状态，相当于截止，故栅极电流 $I_G = 0$，即场效应管呈现出很高的输入阻抗。而在漏源之间的正向电压，会使 N 型导电沟道中的多子（电子）在外电场的作用下产生漂移运动，形成从漏极流向源极的漏极电流 I_D。漏极电流 I_D 的大小主要由栅源电压 U_{GS} 控制，同时也受到漏源电压 U_{DS} 的影响。

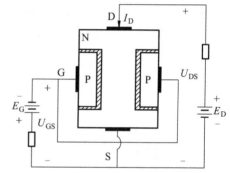

图 1.41　N 沟道结型场效应管的工作原理

（1）栅源电压 U_{GS} 对漏极电流 I_D 的控制作用及转移特性曲线。

如果漏源电压 $U_{DS} = 0$，则无论导电沟道如何变换，漏极电流 $I_D = 0$。

如果固定漏源电压 U_{DS} 为某一大于零的常数，则漏极电流 I_D 的大小将由导电沟道的大小决定，而此时导电沟道的大小由栅源电压 U_{GS} 控制。

特别地，当 $U_{GS} = 0$ 时，导电沟道不发生任何变化，I_D 完全受 U_{DS} 作用，导电沟道中应该有一个很大的电流，称为漏极饱和电流，用 I_{DSS} 来表示。

当 E_G 从零开始增大，意味着栅源之间的 PN 结开始外加反向电压，PN 结（耗尽层）的宽度开始变宽，如图 1.42（a）所示。由于 P 区重掺杂，故增加的耗尽层主要向 N 区发展。又由于对称的关系，两边的耗尽层将逐渐向中间 N 区增加，使得中间的 N 型导电沟道逐渐变窄。随着 U_{GS} 逐渐变负，导电沟道变得更窄，这个过程就像关门一样。显然，在这个过程中，由于漏源电压 U_{DS} 不变化，即加在导电沟道两端的外加电场没有变化，只是导电沟道逐渐变窄，所以漏极电流 I_D 逐渐减小。

从上述过程不难看出，当 E_G 增大到某一数值，即 U_{GS} 减小到某一数值时，势必导致两边的耗尽层在中间会合，从而造成导电沟道完全被夹断，这种现象称为夹断，如图 1.42（b）所示。夹断时对应的 U_{GS} 称为夹断电压，用 U_P 表示。夹断时，耗尽层呈现很大的阻抗，即使 U_{DS} 产生了外加电场，但导电沟道完全被夹断，所以漏极电流 $I_D = 0$。

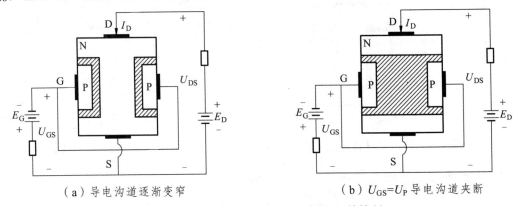

（a）导电沟道逐渐变窄　　　　　　　　　（b）$U_{GS}=U_P$ 导电沟道夹断

图 1.42　栅源电压 U_{GS} 对漏极电流 I_D 的控制

综上所述，在 U_{GS} 允许的范围内，栅源电压 U_{GS} 越负，漏极电流 I_D 越小，这一切可以用图 1.43 右边的转移特性曲线来表示。

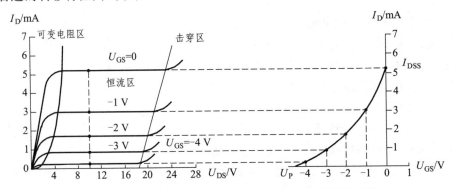

图 1.43　结型场效应管的输出特性曲线与转移特性曲线

转移特性曲线也可以用转移特性曲线方程来描述，即

$$I_D = I_{DSS} \left(1 - \frac{U_{GS}}{U_P}\right)^2$$

理想情况下，转移特性曲线可以视为一条直线。

（2）漏源电压 U_{DS} 对漏极电流 I_D 的影响及输出特性曲线。

考虑 U_{DS} 对 I_D 的影响时，必须保证导电沟道没有被夹断（$U_P < U_{GS} < 0$），否则无论 U_{DS} 如何变化，漏极电流 I_D 始终为零。

特别地，当 $U_{DS} = 0$ 时，此时即使导电沟道存在，但是由于外加电压为零，所以漏极电流 $I_D = 0$。

当 E_D 从零开始增大，U_{DS} 从无到有，加在导电沟道两端的外加电场从无到有，漏极电流 I_D 也从无到有，随着 U_{DS} 的增加而迅速增加。由于压降 U_{DS} 从漏极 D 到源极 S 逐点降低，即靠近漏极的电位最高，靠近源极的电位最低，而栅源电压 U_{GS} 是固定的，这导致靠近漏极处的耗尽层比靠近源极处的耗尽层宽，导电沟道上窄下宽，呈一楔形状，如图 1.44（a）所示。

继续增大 E_D，即继续增大 U_{DS}，将会导致导电沟道中最靠近漏极处的电位升高，满足 $U_{GD} = U_P$ 的条件。当 $U_{GS} = U_P$ 时，会发生夹断现象，导电沟道完全夹断，漏极电流 $I_D = 0$。当 $U_{GD} = U_P$ 时，最靠近漏极处的耗尽层在导电沟道中间会合，但是由于从漏极到源极电位逐点降低，因此下面的耗尽层还不满足会合条件，导电沟道只有一点被夹断，称为预夹断，如图 1.44（b）所示。

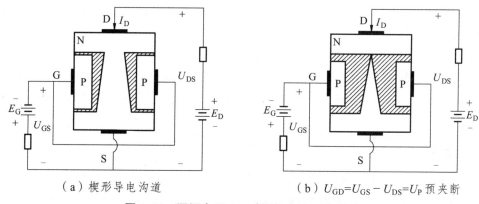

（a）楔形导电沟道   （b）$U_{GD}=U_{GS}-U_{DS}=U_P$ 预夹断

图 1.44   漏源电压 U_{DS} 对漏极电流 I_D 的影响

将 U_{GD} 分解一下，可更清楚地看到预夹断的条件，即 $U_{GD} = U_{GS} - U_{DS} = U_P$。显然，预夹断的产生是 U_{DS} 逐渐增大引起的。预夹断前，导电沟道不均匀地变窄，漏极电流 I_D 随着 U_{DS} 的增大迅速增大；预夹断时，导电沟道只有一点被夹断，而此时 U_{DS} 又足够大，N 型导电沟道中的多子（电子）在外加电场的作用下，可以轻而易举地穿越夹断点处的耗尽层。所以此时漏极电流 I_D 依然存在，这和夹断时漏极电流为零明显不同。

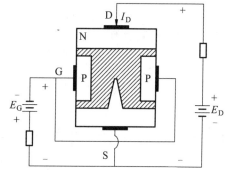

图 1.45   预夹断点下移示意图

如果继续增大 E_D，即继续增大 U_{DS}，将会使次靠近漏极处的电位也满足预夹断的条件。随着 U_{DS} 继续增大，预夹断点将会逐渐下移，这种现象也称为预夹断，只是导电沟道有所变化而已，如图 1.45 所示。

实训测试证明，预夹断后再增加 U_{DS}，预夹断点逐渐下移，情况如图 1.45 所示。此时导电沟道将继续不均匀地变窄，但此时的漏极电流 I_D 不会因为导电沟道继续变窄而减小，也不会因为 U_{DS} 继续增大而增大。在实际中，漏极电流在预夹断后保持某一数值不变，这个现象如何解释呢？

原因在于预夹断点虽然下移，导致阻断导电沟道的耗尽层变宽了，但是这个变化是由于 U_{DS} 增大引起的。所以，虽然耗尽层宽度有所增加，导电沟道中的多子（电子）穿越耗尽层的难度看起来增加了，但是加在这个耗尽层两端的外加电场也同时增加了，所以电子能够获得更大的能量来穿越变宽的耗尽层。这两种作用相互制约，最后导致在预夹断时，漏极电流基本不变。

综上所述，在预夹断前，增大 U_{DS}，漏极电流 I_D 增大；在预夹断后，增大 U_{DS}，漏极电流 I_D 不变。这一切可以用图 1.43 左边的输出特性曲线来表示。与三极管的输出特性曲线一样，

不同的 U_{GS} 对应不同的输出特性曲线。

夹断时，漏极电流为零，为夹断区（图上未注明）。

预夹断前，输出特性曲线呈上升趋势，组成可变电阻区。

预夹断后，输出特性曲线与 U_{DS} 轴平行，组成恒流区。

当无限制增大 U_{DS} 时，会引发击穿现象，漏极电流此时又开始增大，组成击穿区。

观察图 1.43 中的两组特性曲线，可得到，如果在输出特性曲线的恒流区向 U_{DS} 轴引一垂线，与不同的输出特性曲线将会产生一组交点，利用这组交点的 U_{GS} 和 I_D 值，可以大致画出右边的转移特性曲线。

（3）U_{GS} 和 U_{DS} 的同时作用。

为了只让输入信号 U_{GS} 控制输出信号 I_D，显然场效应管在组成放大电路时，应该工作于预夹断状态，即恒流区。此时，漏极电流 I_D 只受栅源电压 U_{GS} 的控制，不受漏源电压 U_{DS} 的影响。

3. 主要参数

（1）夹断电压 U_P：耗尽型场效应管的参数，当 $U_{GS} = U_P$ 时，漏极电流为零。

（2）饱和漏极电流 I_{DSS}：耗尽型场效应管，当 $U_{GS} = 0$ 时所对应的漏极电流。

（3）输入电阻 R_{GS}：场效应管的栅源输入电阻的典型值，对于结型场效应管，反偏时 R_{GS} 约大于 $10^7\,\Omega$，对于绝缘栅场型效应管，R_{GS} 为 $10^9 \sim 10^{15}\,\Omega$。因此理想情况下，栅源之间视为开路。

（4）低频跨导 g_m：低频跨导反映了栅源电压 U_{GS} 对漏极电流 I_D 的控制作用，这一点与三极管的控制作用类似。g_m 可以在转移特性曲线上求取，单位是 mS（毫西门子）。它的定义式如下：

$$g_m = \frac{\Delta I_D}{\Delta U_{GS}}\bigg|_{U_{DS}=C}$$

结合转移特性曲线方程和微分知识，还可以得到另一种求法：

$$g_m = \frac{2}{|U_P|}\sqrt{I_{DQ}I_{DSS}}\bigg|_Q$$

（5）最大漏极功耗 P_{DM}：最大漏极功耗可由 $P_{DM} = U_{DS}I_D$ 决定，与三极管的 P_{CM} 相当。

P 沟道结型场效应管工作时，只是所有的电源极性与 N 沟道结型场效应管相反，其工作原理与特性曲线是完全类似的。

1.4.2 绝缘栅型场效应管

绝缘栅型场效应管（MOSFET）可分为 4 类：N 沟道增强型（N-MOS-增）、P 沟道增强型（P-MOS-增）、N 沟道耗尽型（N-MOS-耗）和 P 沟道耗尽型（P-MOS-耗）。

绝缘栅型场效应管结构和工作原理与结型场效应管虽然稍有不同，但是它们对外表现的电特性却是一致的，即它们的特性曲线大致相同。下面简单介绍 N-MOS-增。

1. 绝缘栅型场效应管的结构与电路符号

N 沟道增强型 MOSFET 基本上是一种左右对称的拓扑结构，它是在 P 型半导体上生成一层 SiO₂ 薄膜绝缘层，然后用光刻工艺扩散两个高掺杂的 N 型区，从 N 型区引出电极，一个是漏极 D，一个是源极 S。在源极和漏极之间的绝缘层上镀一层金属铝作为栅极 G。P 型半导体称为衬底，用符号 B 表示。一般将源极 S 与衬底 B 相连，与漏极 D 相区别。其结构与电路符号如图 1.46 所示。

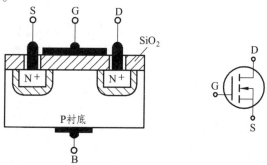

图 1.46　N 沟道增强型 MOSFET 的结构示意图和电路符号

2. 绝缘栅型场效应管的工作原理与特性曲线

N 沟道增强型 MOSFET 与 N 沟道结型场效应管相比，工作原理有所不同。在图 1.46 中可以看到，漏极 D 与源极 S 之间被两个 PN 结阻断，没有导电沟道。因此 N 沟道增强型 MOSFET 首先需要建立导电沟道。它主要是依靠外加电压控制感应电荷的多少来控制导电沟道的宽窄，从而达到控制漏极电流的大小。

（1）栅源电压 U_{GS} 对漏极电流 I_D 的控制作用及转移特性曲线。

特别地，当 $U_{GS} = 0\,V$ 时，漏源 DS 之间相当于两个背靠背的二极管，即使外加 U_{DS} 也不会产生漏极电流 I_D。

当栅极稍加电压时，通过栅极和衬底间的电容作用，P 型半导体中靠近栅极下方的空穴将被向下排斥，产生一薄层负离子的耗尽层。耗尽层中的少子将向靠近栅极的上方表层运动。但由于数量有限，不足以形成沟道，将漏极和源极沟通，所以仍然没有漏极电流 I_D，如图 1.47（a）所示。

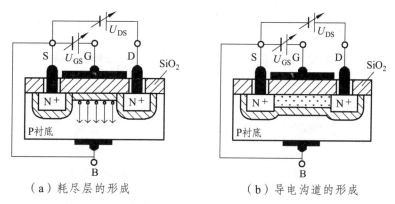

（a）耗尽层的形成　　　　　（b）导电沟道的形成

图 1.47　N 沟道增强型 MOSFET 的转移特性曲线

　　进一步增加 U_{GS}，当 $U_{GS} > U_T$（开启电压）时，由于此时的栅极电压已经比较强，在靠近栅极下方的 P 型半导体表层中聚集较多的电子，形成了一个以电子为载流子的导电沟道，从而将漏极和源极连通，如图 1.47（b）所示。如果此时外加漏源电压 U_{DS}，就可以形成漏极电流 I_D。在栅极下方形成的导电沟道中的电子，因与 P 型半导体的多子（空穴）极性相反，故称为反型层，为 N 沟道。

　　随着 U_{GS} 的继续增加，I_D 将不断增加。栅源电压 U_{GS} 对漏极电流 I_D 的控制关系可用转移特性曲线来表示，如图 1.48 所示。

　　由图 1.48 可知，当 $U_{GS} = 0$ V 时，$I_D = 0$，且只有当 $U_{GS} > U_T$ 后才会出现漏极电流，这种 MOS 管称为增强型 MOS 管。其转移特性曲线方程与结型场效应管稍有不同。

$$I_D = I_{DO}\left(\frac{U_{GS}}{U_T} - 1\right)^2$$

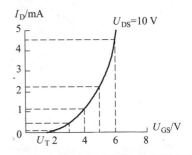

图 1.48　N-MOS-增的转移特性曲线

其中，I_{DO} 为 $U_{GS} = 2U_T$ 时所对应的 I_D 值。

　　U_{GS} 对 I_D 的控制作用依然用跨导 g_m 来描述，其计算公式与结型场效应管也稍有不同。

$$g_m = \frac{2}{|U_T|}\sqrt{I_{DQ}I_{DO}}\bigg|_Q$$

其中，I_{DO} 为 $U_{GS} = 2U_T$ 时所对应的 I_D 值。

　　（2）漏源电压 U_{DS} 对漏极电流 I_D 的影响及输出特性曲线。

　　要考虑 U_{DS} 对 I_D 的影响，必须保证导电沟道存在，即 $U_{GS} > U_T$，否则即使有外加电压 U_{DS}，也无法形成漏极电流 I_D。特别地，当 $U_{DS} = 0$ 时，$I_D = 0$。

　　如果仅仅考虑 U_{GS} 的作用，导电沟道应该如图 1.49（a）所示。而当固定 U_{GS} 为大于开启电压 U_T 的某个数值时，稍加 U_{DS} 就会导致导电沟道呈斜线分布。这是因为靠近漏极处的电位开始升高，$U_{GD} = U_{GS} - U_{DS}$ 开始减小，吸附电子形成导电沟道的能力开始减弱，导致靠近漏极处的导电沟道较窄，靠近源极处的导电沟道较宽，呈一楔形状，如图 1.49（b）所示。由于 U_{DS} 是从零开始增加的，所以在这个阶段，漏极电流 I_D 从无到有，随着 U_{DS} 的增大而急剧增大。

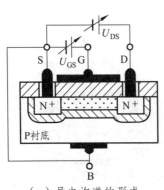
（a）导电沟道的形成

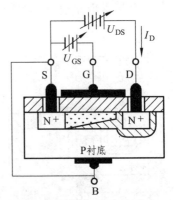
（b）楔形导电沟道的形成

图 1.49　导电沟道的形成

　　继续增大 U_{DS}，会导致 $U_{GD} = U_T$，此时即靠近漏极处的导电沟道缩减到刚刚开启的情况，这种现象称为预夹断，如图 1.50（a）所示。继续增大 U_{DS}，由 $U_{GD} = U_{GS} - U_{DS}$ 可知，将会导致 $U_{GD} < U_T$，使得次靠近漏极处的电位也满足预夹断条件，从而导致预夹断点左移，如图 1.50（b）所示。此时预夹断区域变长，且向源极方向伸展。但是由于 U_{GS} 始终大于开启电压 U_T，所以无论如何增大 U_{DS}，导电沟道始终处于预夹断状态，导电沟道不会完全消失。

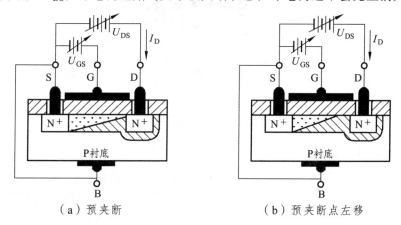

（a）预夹断　　　　　　　　（b）预夹断点左移

图 1.50　导电沟道的预夹断

预夹断时，由于 U_{DS} 增加的部分基本降落在随之加长的夹断区域上，帮助电子获取更多的能量来穿越预夹断区域的耗尽层，所以此时漏极电流 I_D 基本保持不变，对漏源电压 U_{DS} 呈现一种恒流特性。

综上所述，U_{DS} 对 I_D 的影响，可以用一组输出特性曲线来表示，如图 1.51 所示。与结型场效应管有所不同，每条曲线的 U_{GS} 取值范围有所变化。N 沟道结型场效应管 U_{GS} 的取值在 $U_P \sim 0$，而 N 沟道增强型绝缘栅场效应管 U_{GS} 的取值必须大于 U_T。

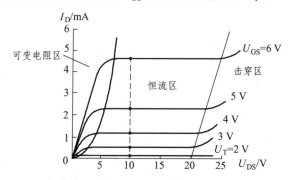

图 1.51　N 沟道增强型 MOSFET 输出特性曲线及其区域划分

P 沟道 MOSFET 的工作原理与 N 沟道 MOSFET 完全相同，只不过参与导电的载流子不同、供电电压极性不同而已，如同三极管有 NPN 型和 PNP 型一样。

绝缘栅型场效应管除了增强型以外，还有一类为耗尽型。以 N-MOS-耗为例，它在靠近栅极 G 的 SiO_2 绝缘层里植入了一些不能移动的正离子。这样在不加任何偏置电压的情况下，这些正离子都能吸附足够的电子形成导电沟道，如图 1.52 所示。

由图 1.52 可知，即使 $U_{GS} = 0$ 时，导电沟道都已经建立，所以只要 U_{DS} 存在，就一定会产生漏极电流 I_D，这就是耗尽型场效应管与增强型场效应管的区别所在。除此之外，N 沟道耗尽型 MOSFET 与 N 沟道增强型 MOSFET 没有什么区别，只是外加偏置电压不同而已，这里不再赘述。

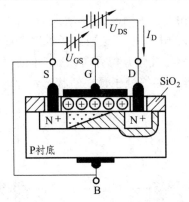

图 1.52　N 沟道耗尽型 MOSFET 结构示意图

表 1.2 为各类场效应管的对照表。

表 1.2　各类场效应管的对照表

名　称	电路符号	转移特性曲线	输出特性曲线
N-JFET			
P-JFET			
N-MOS-增			
P-MOS-增			
N-MOS-耗			
P-MOS-耗			

本章小结

本章主要学习了半导体的基础知识，晶体二极管、晶体三极管、场效应管的各种管型内部结构、工作原理、管子参数、特性曲线及各种管子在各种工作状态下的特点，并依据这些特点判断各种管型及管脚。

（1）晶体二极管是以一个 PN 结为核心，加上管壳和两个电极引线制作而成。它的主要特点是单向导电性，它还具有电容特性和击穿特性。它的这些特性都可以用二极管的伏安特性曲线来表示。

（2）晶体三极管的结构是以两个互相联系的 PN 结为核心，其中发射区重掺杂、基区薄且轻掺杂、集电区面积大；其特性曲线有输入特性曲线和输出特性曲线，输出特性反映了三极管工作在放大区、饱和区、截止区及击穿区的特点和管子参数的大小。

（3）场效应管分结型和绝缘栅型，其中 MOS 管又分增强型和耗尽型，各种类型的管子又有 N 沟道和 P 沟道之分。结型管的输入阻抗较 MOS 管低，因此，MOS 管在集成电路中得到了广泛应用。本章每一种类型的场效应管都介绍了它们的输出特性曲线、转移特性曲线、管子的主要参数。

思考与练习题

1.1　本征半导体中本征激发的特点是什么？

1.2　杂质半导体中有哪两种产生载流子的过程？

1.3　N 型和 P 型半导体中，分别掺何种元素的杂质？它们的多数载流子各是什么？

1.4　PN 结的扩散电流和漂移电流是由哪种载流子形成的？

1.5　PN 结正偏和反偏是指外加怎样的电压？PN 结的主要特性是什么？

1.6　欲使二极管具有良好的单向导电性，管子的正向电阻和反向电阻分别大一些好，还是小一些好？

1.7　二极管电路如图 1.53 所示，试判断图中二极管是导通还是截止，并求出 AO 两端的电压 U_{AO}（假设二极管是理想的）。

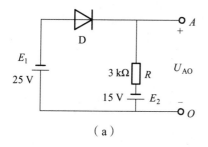
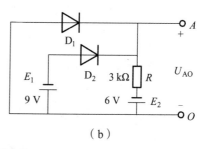

（a）　　　　　　　　　　　　　（b）

图 1.53　题图 1.7

1.8　二极管电路如图 1.54 所示，$u_i = 10 \sin\omega t$（V），$R = 1$ kΩ，试画出输出电压的波形，并在波形图上标出幅值（假设二极管是理想的）。

1.9　稳压二极管电路如图 1.55 所示，已知电源电压 $U = 10$ V，$R = 200 \ \Omega$，$R_L = 1 \ k\Omega$，稳压管的稳压值 U_Z 为 6 V，试求：

（1）稳压管中的电流 I_Z；（2）R 中的电流 I_R；（3）R_L 中的电流 I_{RL}。

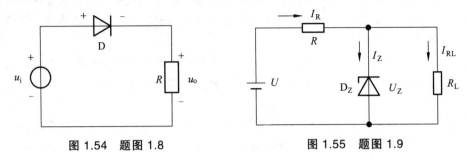

图 1.54　题图 1.8　　　　　　　　　图 1.55　题图 1.9

1.10　NPN 型和 PNP 型晶体管处于放大状态时，它们各极间的电位关系是怎样的？

1.11　晶体三极管分别处于放大、饱和、截止状态的条件是什么？

1.12　晶体三极管输出特性曲线中，3 种工作区域大体界线是怎样划分的？

1.13　计算下列各题：

（1）已知 $I_C = 0.96$ mA，$I_{CBO} = 10 \ \mu A$，$\bar{\alpha} = 0.95$，求 I_E、I_B。

（2）已知 $I_B = 30 \ \mu A$，$I_{CBO} = 10 \ \mu A$，$\bar{\alpha} = 0.9$，求 I_E、I_C。

（3）已知 $I_B = 0$，$I_{CBO} = 10 \ \mu A$，$\bar{\alpha} = 0.99$，求 I_E、I_C。

（4）已知 $I_C = 1.85$ mA，$I_{CBO} = 10 \ \mu A$，$I_B = 150 \ \mu A$，求 $\bar{\alpha}$、$\bar{\beta}$。

1.14　两个放大器中的三极管的各极电位如图 1.56 所示。标出各管脚的 b、c、e，并判断管型（NPN 型或 PNP 型及硅管或锗管）。

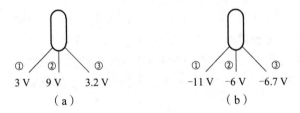

图 1.56　题图 1.14

1.15　测得某电路中 3 个三极管的各极电位如图 1.57 所示，试判断各三极管的工作状态。

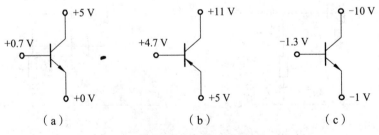

图 1.57　题图 1.15

1.16　用电流表直流挡位测得某三极管放大电路中的 3 个电极电流值如下：$I_A = 2$ mA，$I_B = 0.04$ mA，$I_C = 2.04$ mA，试分析 A、B、C 中哪个是基极 b、发射极 e、集电极 c，并求它的 $\bar{\beta}$。

1.17　测得某硅三极管各电极对地的电压值如下，试判别管子工作在什么区域？

（1）$U_C = 6\,\text{V}$，$U_B = 0.7\,\text{V}$，$U_E = 0\,\text{V}$。

（2）$U_C = 6\,\text{V}$，$U_B = 2\,\text{V}$，$U_E = 1.3\,\text{V}$。

（3）$U_C = 6\,\text{V}$，$U_B = 6\,\text{V}$，$U_E = 5.4\,\text{V}$。

（4）$U_C = 6\,\text{V}$，$U_B = 4\,\text{V}$，$U_E = 3.6\,\text{V}$。

（5）$U_C = 3.6\,\text{V}$，$U_B = 4\,\text{V}$，$U_E = 3.4\,\text{V}$。

1.18　三极管的参数 β 的定义式是什么？物理意义是什么？如何求其值？

1.19　场效应管是什么类型的控制器件？

1.20　用于放大时，结型场效应管栅源之间应该外加什么样极性的电压？

1.21　N 沟道结型场效应管在 $U_{GS} = U_P < 0$ 时，出现什么现象？当 $U_{GS} = 0$，$U_{DS} = -U_P$ 时出现什么现象？这两种现象有什么区别？

1.22　一个结型场效应管的转移特性曲线如图 1.58 所示，试问：

（1）它是 N 沟道还是 P 沟道的场效应管？

（2）它的夹断电压 U_P 和饱和漏极电流 I_{DSS} 各为多少？

1.23　试分别粗略勾画出 N-MOS-增和 P-MOS-耗场效应管的转移特性曲线和输出特性曲线。

1.24　场效应管的参数 g_m 的定义式是什么？物理意义是什么？g_m 的求法有哪几种？

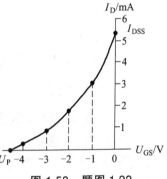

图 1.58　题图 1.22

实训一　非线性器件二极管、三极管的识别与检测

一、实训目的

（1）学会使用万用表判别二极管的极性和三极管的管脚。

（2）熟悉万用表判别二极管和三极管的质量。

二、实训原理

1. 用万用表测试二极管

晶体二极管内部实质上是一个 PN 结，可以通过 PN 结的单向导电性来测试，即二极管正偏时导通呈低阻，反偏时截止呈高阻。实训图 1.1 为用万用表电阻挡测量二极管的等效电路图。由图可知，万用表的正表笔（红表笔）实际上是接内部电池的负极；万用表的负表笔（黑表笔）接内部电池的正极。故可用万用表的 $R×1 \text{ k}\Omega$ 挡来测量二极管，具体方法是：将两支表笔分别接二极管的两脚，此时读出万用表显示的电阻值，然后将表笔对调，又可读出一电阻值。两次测量中，阻值小的一次黑表笔接的就是二极管的正极。如两次测量电阻都小或都大，则此二极管已损坏。

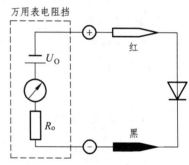

实训图 1.1　万用表电阻挡测
二极管的等效电路

用 $R×1 \text{ k}\Omega$ 挡测二极管的正向电阻一般只有几 $\text{k}\Omega$，其中正向电阻在 $1~3 \text{ k}\Omega$ 的为锗材料二极管；正向电阻在 $4~9 \text{ k}\Omega$ 的为硅材料二极管。反向电阻越大越好，一般为∞。需要注意的是：也可用 $R×100 \text{ }\Omega$ 挡测量二极管，但不同的电阻挡的等效内阻不同，测得的阻值有差异。一般不用 $R×10 \text{ k}\Omega$ 挡来测二极管，因为该挡的电源电压较高（一般为 15 V），有可能损坏管子。

2. 用万用表测试三极管

（1）判断基极和管子类型及材料。

三极管内部有两个 PN 结（发射结和集电结）。对于 NPN 型三极管，基极对集电极和发射极的正向电阻都较小，反向电阻较大；PNP 型管子则相反。据此可先找出基极。具体方法是：先假设三极管的 3 只脚中的任一脚为基极，然后用 $R×1 \text{ k}\Omega$ 挡黑表笔接假设的基极，红表笔接另外两个电极。

如阻值都小，再将表笔交换测一次。如阻值都大，则假设的基极正确且为 NPN 型管；如测得的阻值与上述相反，则为 PNP 型管；如假设基极以后测得的阻值不是都小（或都大），而

是一大一小，则说明假设错误，应重新假设直到测得的阻值符合上述要求为止。如在两次测量中阻值不是一次都小一次都大，而是两次都小或两次都大，则管子已击穿或已开路。另外，根据测得的 PN 结正向电阻的大小，用"1"中所述的方法判断三极管的材料，如实训图 1.2 所示。

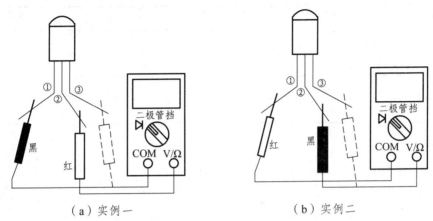

（a）实例一　　　　　　　　　　　　　　　（b）实例二

实训图 1.2　判断三极管的基极和类型

（2）判断集电极和发射极。

下面以 NPN 型管子为例介绍。

在三极管的类型和基极确定以后，可用下述方法来判断集电极和发射极。先假设除基极外的 2 只管脚中的任一管脚为集电极，用 $R \times 1\ \mathrm{k}\Omega$ 挡且黑表笔接假设的集电极、红表笔接发射极，基极通过 1 个 $100\ \mathrm{k}\Omega$ 的电阻与集电极相接，此时万用表表针将偏转一个角度；然后又假设另一只管脚为集电极，表笔和电阻的接法仍按上述要求，此时表针将再一次偏转一个角度。两次假设中，表针偏转角度大的一次黑表笔接的就是集电极，剩下的 1 只管脚为发射极。

对 PNP 型管的测量方法同上，只是表笔要反转过来接。上述测量方法的理论依据是三极管共射电流放大原理。

实际中，用手捏住基极与假设的集电极，利用人体电阻代替，如实训图 1.3 所示的 $100\ \mathrm{k}\Omega$ 的电阻，则同样可以判断集电极和发射极。还要说明的是，上述假设中，表针偏转角度越大，则说明三极管的 β 值越大。

对于大功率三极管，一般不用 $R \times 1\ \mathrm{k}\Omega$ 挡，而用 $R \times 10\ \Omega$ 挡或 $R \times 100\ \Omega$ 挡来测量。

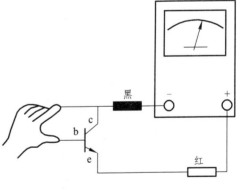

实训图 1.3　判断集电极和发射极

三、实训设备和器材

（1）万用表 1 个，$100\ \mathrm{k}\Omega$ 电阻 1 个；

（2）各种型号和材料的正常二极管、三极管若干；

（3）各种型号和材料的已损坏的二极管、三极管若干。

四、实训内容和步骤

（1）测试二极管的正、负极性和正、反向电阻。

用万用表的电阻挡（$R\times 1$ kΩ）判别二极管的正、负极，并记录正、反向电阻值于实训表 1.1 中。

实训表 1.1 实训内容

被测管编号	正向电阻	反向电阻	材料	质量
1				
2				
3				
n				

（2）判别三极管的管脚和管型。

① 用万用表的电阻挡（$R\times 1$ kΩ）判别出基极和管型。

② 判别集电极和发射极。

③ 估测三极管的 β 值是否正常。

④ 将正常的和已损坏的管子区分出来。

五、实训报告

整理实训步骤，分析实训结果，并写实训心得（不少于 50 字）。

2 基本放大电路和多级放大电路

基本放大电路是指由晶体三极管或场效应管组成的 3 种基本组态的单级放大器。它们是组成各种复杂放大电路的基本单元，是整个模拟电子线路的基础。如何构造这些基本放大电路，如何对它们的性能指标进行分析计算是本章的任务。

用来对电信号进行放大的电路称为放大电路，习惯上称为放大器，它是使用最为广泛的电子电路之一，也是构成其他电子电路的基本单元电路。根据用途以及采用的有源（具有直流电源供电）放大器件的不同，放大电路的种类很多，它们的电路形式以及性能指标不完全相同，但它们的基本工作原理是相同的。必须指出，这里所指的"放大"是指在输入信号的作用下，利用有源器件的控制作用将直流电源提供的部分能量转换为与输入信号成比例的输出信号。因此，放大电路实际上是一个受输入信号控制的能量转换器。

本章主要讨论以半导体三极管构成的各种基本放大电路，场效应管放大电路的组成、特点以及放大电路调整测试的基本方法。

2.1 基本放大电路

这里以 NPN 共射极放大电路为例，讨论放大电路的组成、工作原理以及分析方法。

放大电路的放大，其本质是指对能量的转换和控制。当输入电信号能量较小，不能直接驱动负载时，需要把直流电源的直流能量，按照输入信号的变化规律，转换为较大的能量输出给负载。这种用小能量控制大能量的转换作用就是放大电路中的放大。因此，放大电路实际上是一个受输入信号控制的能量转换器。

将图 2.1 中两个直流电源合并为一个电源 U_{CC}，简化电路如图 2.2 所示。根据能量守恒定律，在这种能量的控制和转换中，电源 U_{CC} 为输出信号提供能量。

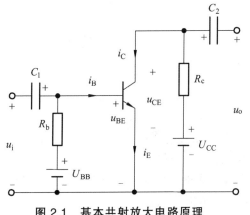

图 2.1　基本共射放大电路原理

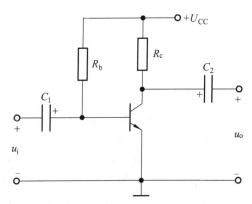

图 2.2　单电源共射极放大电路

该放大电路又称固定偏置共射放大器，既有直流电源 U_{CC}，又有交流电压 u_i，电路中三极管各电极的电压和电流包含直流量和交流量两部分。放大电路实现信号放大的工作过程如图 2.3 所示。

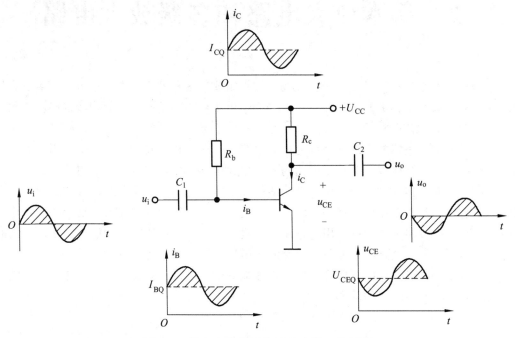

图 2.3 放大电路实现信号放大的工作过程

2.1.1 放大电路的组成原则

三极管具有 3 个工作状态：截止、放大和饱和。在放大电路中为实现其放大作用，三极管必须工作在放大状态。从上面放大电路的工作过程可概括放大电路的组成原则：

（1）外加电源的极性必须保证三极管的发射结正偏，集电结反偏。

（2）输入电压 u_i 要能引起三极管的基极电流 i_B 作相应的变化。

（3）三极管集电极电流 i_C 的变化要尽可能地转为电压的变化输出。

（4）放大电路工作时，直流电源 U_{CC} 要为三极管提供合适的静态工作电流 I_{BQ}、I_{CQ} 和电压 U_{CEQ}，即电路要有一个合适的静态工作点 Q。

图 2.1 为 NPN 型共射极放大电路的原理。

组成放大电路的元件包括：

（1）三极管——电流放大器件；

（2）隔直耦合电容 C_1 和 C_2；

（3）基极回路电源 U_{BB} 和基极偏置电阻 R_b；

（4）集电极电源 U_{CC} ——提供三极管集电结反偏的偏置电压；

（5）集电极负载电阻 R_c ——不可短路，否则无输出电压信号。

电流的方向：对于 NPN 型三极管，基极电流 i_B、集电极电流 i_C 流入电极为正，发射极电流 i_E 流出电极为正，这和 NPN 型三极管的实际电流方向一致。

2.1.2　电压、电流等符号的规定

为了分析方便，各量的符号规定如下：

（1）直流分量表示为 U_{CC}、U_{BE}、U_{CE}、I_B、I_C、I_E。

（2）交流分量表示为 u_i、u_o、u_{be}、u_{ce}、i_b、i_c、i_e。

（3）瞬时值表示为 u_I、u_O、u_{BE}、u_{CE}、i_B、i_C、i_E，工作波形如图 2.3 所示。

（4）交流有效值表示为 U_i、U_o、U_{be}、U_e、I_b、I_c、I_e。

（5）交流峰值表示为 U_{im}、U_{om}、U_{bem}、U_{em}、I_{bm}、I_{cm}、I_{em}。

2.1.3　放大电路的主要性能指标

放大电路的性能指标是衡量一个放大电路质量优劣的主要参数，测试性能指标时通常在放大电路的输入端加上一个正弦测试信号，其测试电路示意图如图 2.4 所示。图中矩形框 A 表示放大电路，它既可以是一个简单的基本放大电路，也可以是一个复杂的放大电路。U_s 是测试信号，R_s 是信号源的内阻。R_i 是放大电路的输入电阻，R_o 是放大电路的输出电阻，R_L 是放大电路的负载。

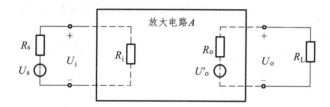

图 2.4　放大电路的性能指标测试图

1. 放大倍数

放大倍数是衡量放大电路对信号放大能力的主要技术参数。

（1）电压放大倍数 A_u。

A_u 是指放大电路输出电压与输入电压的比值，即

$$\dot{A}_u = \frac{\dot{U}_o}{\dot{U}_i} \tag{2-1}$$

常用分贝（dB）来表示电压放大倍数，这时称为增益。电压增益等于 $20\log|A_u|$（dB）。

（2）电流放大倍数 A_i。

A_i 是指放大电路输出电流与输入电流的比值，即

$$\dot{A}_i = \frac{\dot{I}_o}{\dot{I}_i} \tag{2-2}$$

2. 输入电阻 R_i

对于信号源而言，放大器的输入端可以等效为信号源的负载，这个负载就是放大器的输入电阻。图 2.5 为放大电路输入电阻的示意图。

$$\dot{R}_i = \frac{\dot{U}_i}{\dot{I}_i} \qquad\qquad (2\text{-}3)$$

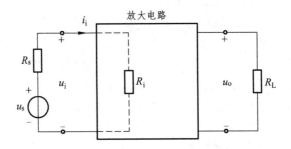

图 2.5　放大电路输入电阻示意图

由于信号源内阻 R_s 的存在，导致实际加到放大电路的输入电压总是小于信号源电压。即

$$\dot{U}_i = \frac{R_i}{R_s + R_i}\dot{U}_s \qquad\qquad (2\text{-}4)$$

显然对于信号源一定的电路，输入电阻 R_i 越大，输入端所得到的电压 U_i 就越接近 U_s，放大电路从信号源索取的电流越小。

因此，R_i 是衡量放大电路对信号源影响程度的参数，一般希望 R_i 越大越好，理想电压放大电路的 R_i 为无穷大。

3. 输出电阻 R_o

图 2.6 为放大电路输出电阻的示意图。当放大电路作为一个电压放大器来使用时，其输出电阻 R_o 的大小决定了放大电路的带负载能力。R_o 越小，放大电路的带负载能力越强，即放大电路的输出电压 u_o 受负载的影响越小。图 2.7 为求解输出电阻的等效电路。输出电阻 R_o 是从放大电路的输出端（负载 R_L 两端）向放大器内部看进去的等效电阻。

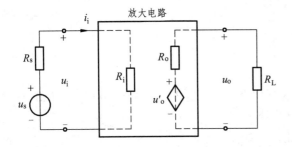

图 2.6　放大电路的输出电阻

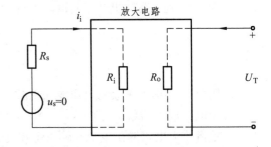

图 2.7　求解输出电阻的等效电路

对于负载而言，放大器的输出可等效为一个信号源，一般用戴维南定理等效为电压源，该电压源的内阻就是放大器的输出电阻 R_o。利用外加电压法，即将输入信号去掉（电压源短路，电流源开路），保留其内阻 R_s，同时将负载 R_L 开路（$R_L \to \infty$），外加一个正弦输入电压 $\dot{U}_o$，得到一个相应的输入电流 $\dot{I}_o$，二者之比就是放大器的输出电阻。

$$\dot{R}_o = \frac{\dot{U}_o}{\dot{I}_o}\bigg|_{\substack{\dot{U}_s=0 \\ R_L=\infty}} \tag{2-5}$$

输出电阻 R_o 是描述放大电路带负载能力的一项技术指标，通常希望 R_o 越小越好。R_o 越小，说明放大器的带负载能力越强，这就类似于希望信号源的内阻越小越好。

2.2 基本放大电路的分析方法

基本放大电路中的三极管必须和外围元器件按照一定的规律相连接，才能实现有效的放大功能，这就是放大电路的组成规律。概括起来，实际上包含以下两个回路或通路。

1. 直流通路

直流通路是指静态时，直流偏置电路必须保证管子工作于放大状态，且提供一个合适的直流静态工作点（Q 点）。具体地说，三极管必须保证发射结正偏、集电结反偏。一般可利用直流通路来定性地检验一个放大电路是否满足直流有回路。画直流通路时，可将电容开路、交流电源置零。

2. 交流通路

交流通路是指动态时，交流输入信号必须有效送达管子的输入端，交流输出信号必须有效送达负载。所谓管子的输入端，对于共发射极放大电路就是指三极管基极与发射极（be）之间。一般可利用交流通路来定性地检验一个放大电路是否满足交流有回路。画交流通路时，可将电容短路、直流电源置零。

下面举例说明直流通路、交流通路的画法以及放大电路组成回路的方法。

【例 2.1】 三极管与外围元器件组成的放大电路如图 2.8 所示，试判断该放大电路是否具有放大能力？如果不能应该如何改正？

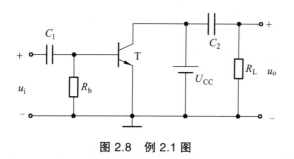

图 2.8 例 2.1 图

【解】 首先检验直流回路，画其直流通路，如图 2.9 所示。由图可见，基极的直流电位为零，无法保证发射结正偏，所以管子无法工作在放大状态，因此电路不具备放大能力。

再检验交流回路，画其交流通路，如图 2.10 所示。由图 2.10 可知，交流输入信号可以有效送达三极管的 be 之间；交流输出信号被短路，无法送达负载。

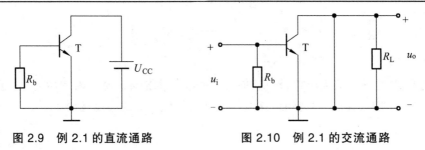

图 2.9　例 2.1 的直流通路　　　　　　　图 2.10　例 2.1 的交流通路

这样，即使三极管放大了信号，负载也不会得到，等同于没有放大，所以该电路的交流通路对负载没有回路。

综合以上两个回路，应该在图 2.8 所示的电路中添加一个基极直流电源 U_{BB} 和集电极偏置电阻 R_c，得到的电路如图 2.11（a）所示，该电路称为共发射极放大电路。为了简化电路，一般取 $U_{BB} = U_{CC}$，只用一个电源，并且电路画成图 2.11（b）所示的习惯画法。

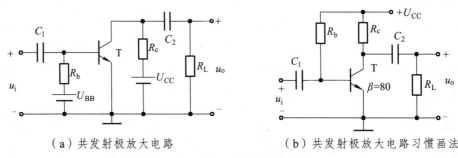

（a）共发射极放大电路　　　　　　　　（b）共发射极放大电路习惯画法

图 2.11　例 2.1 的改正电路图

在图 2.11（b）所示的电路中，三极管 T 是电路的核心器件，起放大作用。U_{CC} 是直流供电电源，为电路提供工作电压和电流。R_b 是基极偏置电阻，电源电压 U_{CC} 通过 R_b 使三极管的发射结正偏，并产生基极直流电流 I_B。R_c 是集电极偏置电阻，电源电压 U_{CC} 通过 R_c 使三极管的集电结反偏，以保证三极管工作在放大状态。另外，R_c 可以将集电极放大的电流转换为放大的电压输出。电容 C_1 和 C_2 是耦合电容（或隔直流电容），其作用是"隔离直流，传送交流"。

基本放大电路的分析目的是确定晶体管的工作状态，并且将晶体管放大作用调整到最佳；然后才可以进一步计算放大电路的主要性能指标。基本放大电路的分析方法可分为静态分析（直流通路）方法和动态分析（交流通路）方法；也可以分为图解分析法和微变等效电路分析法。

2.2.1　放大电路的图解分析法

图解分析法是指根据输入信号，在三极管的特性曲线上直接作图求解的方法。

1. 静态、动态和静态工作点的概念

（1）静态是指 $u_i = 0$ 时的状态。

（2）动态是指 $u_i \neq 0$ 时的状态。

（3）静态工作点 Q 是指在三极管输入和输出伏安特性曲线上某一点 Q 所对应的坐标位置（U_{BEQ}，I_{BQ}）、（U_{CEQ}，I_{CQ}），其数值表示三极管在没有交流输入信号时，其直流工作状态。

如图 2.12 所示，Q 点位于三极管的放大工作区，即三极管处于直流导通状态。

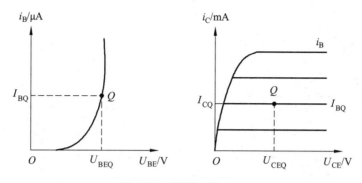

图 2.12　静态工作点 Q

2. 直流通路

直流通路是指静态（$u_i = 0$）时，电路中只有直流量流过的通路。

画直流通路有两个要点：① 电容视为开路；② 电感视为短路。图 2.13 和图 2.14 分别为共射极放大电路及其直流通路。

估算电路的静态工作点 Q 时必须依据这种直流通路。

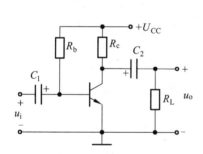

图 2.13　共射极放大电路

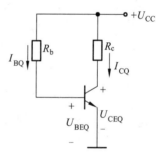

图 2.14　共射电路的直流通路

3. Q 点的估算

根据直流通路，估算 Q 点有两种方法。

（1）公式估算法确定 Q 点。

在图 2.14 所示的直流通路中，若 $U_{BEQ} \approx 0.7$ V，并忽略此数值，则

$$I_{BQ} = (U_{CC} - U_{BEQ})/R_b \approx U_{CC}/R_b$$
$$I_{CQ} = \beta I_{BQ}$$
$$U_{CEQ} = U_{CC} - I_{CQ}R_c$$

（2）图解法确定 Q 点。

在三极管的输出伏安特性曲线上以直线方程 $U_{CEQ} = U_{CC} - I_{CQ}R_c$ 作直流负载线，得到一个交点 Q，即为静态工作点，其坐标为（U_{CEQ}，I_{CQ}），位置如图 2.15 所示，图中直流负载线由直流通路，并用两点式直线方程获得。

【例 2.2】 画出图 2.16 所示电路的直流通路和交流通路的最简等效电路。

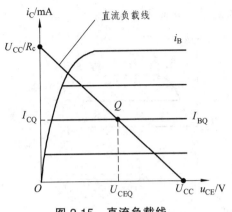

图 2.15 直流负载线

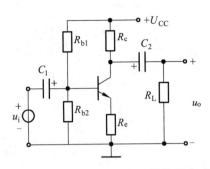

图 2.16 分压式电流负反馈偏置电路

【解】 先画直流通路，其过程如图 2.17 所示。

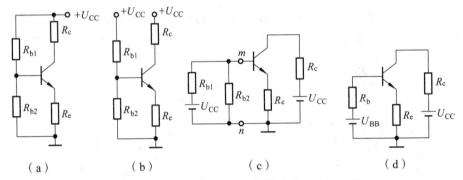

图 2.17 分压式电流负反馈偏置电路的直流通路

图（a）是将电容开路处理的结果。

图（b）是将电源推过节点，形成两个独立的直流电源。

图（c）是将电源和电阻翻折下来，构成明显的基极输入回路和集电极输出回路。

图（d）是对 *mn* 两点之间以左的电路进行戴维南等效，化简基极输入回路，其中

$$U_{BB} = \frac{R_{b2}}{R_{b1} + R_{b2}} U_{CC}, \quad R_b = R_{b1} \,/\!/\, R_{b2}$$

再画交流通路，其过程如图 2.18 所示。

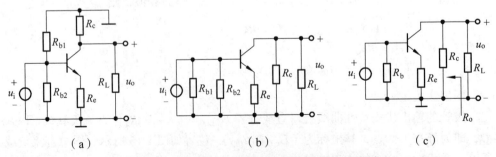

图 2.18 分压式电流负反馈偏置电路的交流通路

图（a）是将电容和直流电源短路处理的结果。

图（b）是将电阻翻折下来，构成明显的基极输入回路和集电极输出回路。

图（c）是将基极偏置电阻合并的结果。集电极偏置电阻 R_c 本可以和负载 R_L 等效为一个电阻，但是由于输出电阻 R_o 是在如图 2.18（c）所示的位置求解，所以不合并这两个电阻。

4. 交流负载线

（1）交流通路。

交流通路是指动态（$u_i \neq 0$）时，电路中交流分量流过的通路。画交流通路时有两个要点：

① 耦合电容视为短路；

② 直流电压源（内阻很小，忽略不计）视为短路。

图 2.19 为图 2.13 共射极放大电路的交流通路。计算动态参数 A_u、R_i、R_o 时必须依据交流通路。

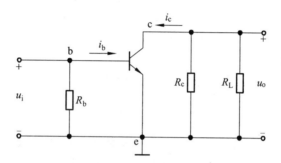

图 2.19　共射极电路的交流通路

（2）交流负载线。

在图 2.15 中有关系式：

$$u_o = \Delta u_{CE} = -\Delta i_c(R_c // R_L) = -i_c R'_L \qquad (2\text{-}6)$$

式中，$R'_L = R_c // R_L$ 称为交流负载电阻，负号表示电流 i_c 和电压 u_o 的方向相反。交流变化量在变化过程中一定要经过零点，此时 $u_i = 0$，与静点 Q 相符合。所以 Q 点也是动态过程中的一个点。交流负载线和直流负载线在 Q 点相交，如图 2.20 所示。

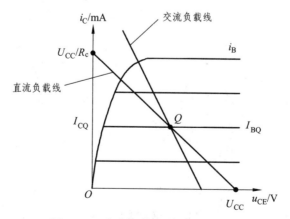

图 2.20　交流负载线与直流负载线

交流负载线由交流通路获得，且过 Q 点，因此交流负载线是动态工作点移动的轨迹。

（3）动态工作范围。

图 2.21 为电路的动态工作情况。

注意：三极管各电极的电压和电流瞬时值是在静态值的基础上叠加了交流分量，但瞬时值的极性和方向始终固定不变。

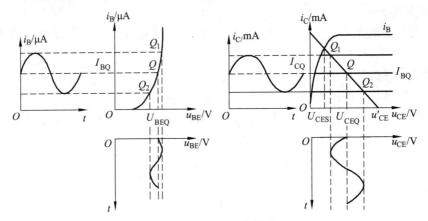

图 2.21　动态工作情况

5. 非线性失真

所谓失真，是指输出信号的波形与输入信号的波形不一致。三极管是一个非线性器件，有截止区、放大区、饱和区 3 个工作区，如果信号在放大的过程中，放大器的工作范围超出了特性曲线的线性放大区域，进入了截止区或饱和区，集电极电流 i_c 与基极电流 i_b 不再成线性比例的关系，则会导致输出信号出现非线性失真。非线性失真分为截止失真和饱和失真两种。

（1）截止失真。

图 2.22 为放大电路的截止失真。

当放大电路的静态工作点 Q 选取比较低时，I_{BQ} 较小，输入信号的负半周进入截止区而造成的失真称为截止失真。

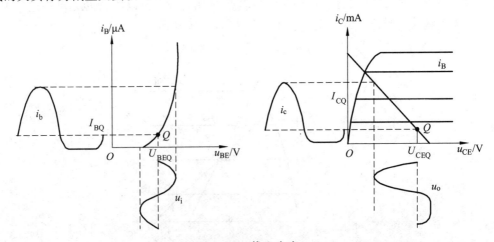

图 2.22　截止失真

（2）饱和失真。

图 2.23 为放大电路的饱和失真。

当放大电路的静态工作点 Q 选取比较高时，I_{BQ} 较大，U_{CEQ} 较小，输入信号的正半周进入饱和区而造成的失真称为饱和失真。u_i 正半周进入饱和区造成 i_c 失真，从而使 u_o 失真。

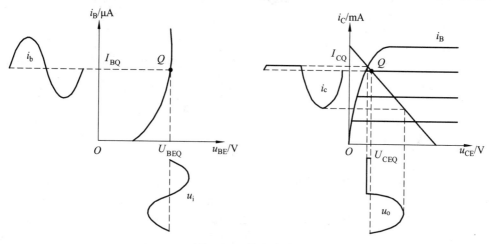

图 2.23　饱和失真

2.2.2　放大电路的微变等效电路分析法

微变等效电路分析法指的是在三极管特性曲线上 Q 点附近，当输入为微变信号（见图 2.24）时，可以把三极管的非线性特性近似看作是线性特性（见图 2.25），即把非线性器件三极管转为线性器件进行求解的方法。

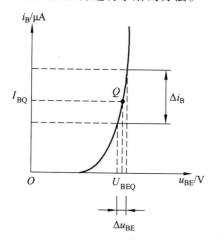

图 2.24　三极管的交流输入电阻 r_{be}

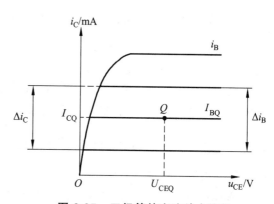

图 2.25　三极管的交流放大倍数

1. 三极管微变等效电路（模型）

当输入为微变信号时，对于交流微变信号，三极管可用如图 2.26（b）所示的微变等效电路来代替。图 2.26（a）所示的三极管是一个非线性器件，但图 2.26（b）所示的是一个线性电路。这样就把三极管的非线性问题转化为线性问题。

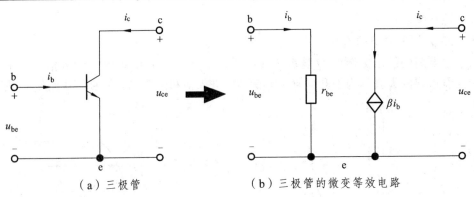

（a）三极管　　　　　　　（b）三极管的微变等效电路

图 2.26　三极管的微变等效电路（模型）

2. 交流输入电阻 r_{be}

$$r_{be} = \frac{\Delta u_{BE}}{\Delta i_B} = r'_{bb} + (1+\beta)\frac{26\ \mathrm{mV}}{I_{EQ}}$$

式中，r'_{bb} 表示基区体电阻，室温下取 $r'_{bb} \approx 300\ \Omega$，即

$$r_{be} = 300 + (1+\beta)\frac{26\ \mathrm{mV}}{I_{EQ}} \tag{2-7}$$

3. 有关微变等效电路的说明

微变等效电路分析法只适用于小信号放大电路的分析，主要用于对放大电路动态性能的分析。

2.2.3　共射放大器微变等效电路

1. 用微变等效电路分析法分析放大电路的求解步骤

（1）用公式估算法估算 Q 点坐标值，并计算 Q 点处的参数 r_{be} 值。

（2）由放大电路的交流通路，画出放大电路的微变等效电路。

（3）根据等效电路直接列方程求解 A_u、R_i、R_o。

注意：NPN 型和 PNP 型三极管的微变等效电路一样。

2. 用微变等效电路分析法分析共射放大电路

（1）放大电路的微变等效电路。

对于图 2.13 所示的共射极放大电路，从其交流通路可得电路的微变等效电路，如图 2.27 所示。u_s 为外接信号源，R_s 是信号源内阻。

（2）求解电压放大倍数 A_u。

电压放大倍数 A_u 为

$$A_u = \frac{u_o}{u_i} = -\frac{\beta i_b(R_c /\!/ R_L)}{i_b r_{be}} \tag{2-8}$$

负号表示输出电压 u_o 与输入电压 u_i 反相位。

（3）求解电路的输入电阻 R_i。

输入电阻 R_i 为

$$R_i = R_b \mathbin{/\mkern-5mu/} r_{be} \qquad\qquad (2\text{-}9)$$

一般基极偏置电阻为

$$R_b \gg r_{be}，\ R_i \approx r_{be} \qquad\qquad (2\text{-}10)$$

（4）求解电路的输出电阻 R_o。

图 2.28 为求解输出电阻的等效电路。因此，求解输出电阻的等效电路输出电阻 R_o 越小，放大电路的带负载能力越强。输出电阻 R_o 中不应包含负载电阻 R_L。

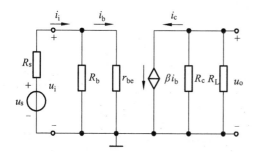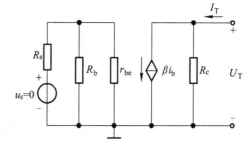

图 2.27　共射放大电路的微变等效电路　　　　图 2.28　求解输出电阻的等效电路

（5）求解输出电压 u_o 对信号源电压 u_s 的放大倍数 A_{us}。

由于信号源内阻的存在，$A_{us} < A_u$，电路的输入电阻越大，输入电压 u_i 越接近 u_s。

3. 两种分析方法特点比较

放大电路的图解分析法：其优点是形象直观，适用于 Q 点分析、非线性失真分析、最大不失真输出幅度的分析，能够用于大、小信号；其缺点是作图麻烦，只能分析简单电路，求解误差大，不易求解输入电阻、输出电阻等动态参数。微变等效电路分析法：其优点是适用于任何复杂的电路，可方便求解动态参数，如放大倍数、输入电阻、输出电阻等；其缺点是只能用于分析小信号，不能用来求解静态工作点 Q。

实际应用中，常把两种分析方法结合起来使用。

2.3　静态工作点稳定电路

影响静态工作点（Q 点）的因素很多，如电源波动、偏置电阻的变化、管子的更换、元件的老化等，不过最主要的影响则是环境温度的变化。

2.3.1　温度变化对 Q 点的影响

三极管是一个对温度非常敏感的器件，随着温度的变化，三极管参数会受到影响，具体表现在以下几个方面：

（1）温度升高，三极管的反向电流增大。

（2）温度升高，三极管的电流放大系数 β 增大。

（3）温度升高，相同基极电流 I_B 下，U_{BE} 减小，三极管的输入特性具有负的温度特性。温度每升高 1°C，U_{BE} 大约减小 2.2 mV。

2.3.2 工作点稳定电路的组成及稳定 Q 点的原理

1. 工作点稳定电路的组成

图 2.29 为分压偏置式的工作点稳定电路。

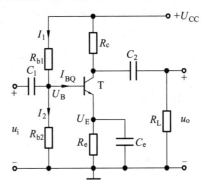

图 2.29 分压偏置式的工作点稳定电路

2. 稳定 Q 点的原理

U_B 不随温度变化；温度升高，即

$$T\uparrow \to I_{EQ}\uparrow \to U_E\uparrow \to U_{BEQ}\,(U_B - U_E)\downarrow \to I_{BQ}\downarrow \to I_{CQ}\downarrow \to I_{EQ}\downarrow$$

Q 点得到稳定。

分压偏置式放大电路具有稳定 Q 点的作用，在实际电路中应用广泛。实际应用中，为保证 Q 点的稳定，要求电路

$$I_1 \gg I_{BQ}$$

一般对于硅材料的三极管，$I_1 = (5 \sim 10)I_{BQ}$。

2.3.3 工作点稳定电路的分析

（1）静态工作点 Q 的估算。

图 2.30 为分压式偏置工作点稳定电路的直流通路，有

$$\begin{cases} U_B = \dfrac{R_{b2}}{R_{b1} + R_{b2}} U_{CC} \\[2mm] I_C \approx I_E = \dfrac{U_B - U_{BEQ}}{R_e} \\[2mm] U_{CEQ} = U_{CC} - I_C(R_c + R_e) \end{cases} \qquad (2\text{-}11)$$

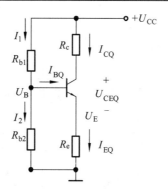

图 2.30 稳定电路的直流通路

【**例 2.3**】 三极管的静态解析。三极管放大电路如图 2.31（a）所示，求其 Q 点的值（I_{BQ}、U_{BEQ}、I_{CQ}、U_{CEQ}）。

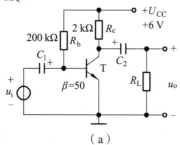

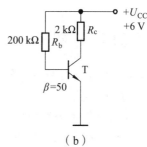

（a） （b）

图 2.31 例 2.3 图

【**解**】 第一步，画直流通路，如图 2.31（b）所示。但是图 2.31（b）对回路的概念体现不明显，一般用图 2.32 来体现，图中标出了所有待求的信号。

第二步，列写基极回路方程，又称三极管的直流偏置线方程：

$$I_{BQ}R_b + U_{BEQ} - U_{CC} = 0$$

由于 U_{BEQ} 取值都在零点几伏左右，估算时常常默认为 $U_{BEQ} = 0.7\ \text{V}$，整理可得

$$I_{BQ} = \frac{U_{CC} - U_{BEQ}}{R_b}$$
$$= \frac{6 - 0.7}{200} = 26.5\ (\mu\text{A})$$

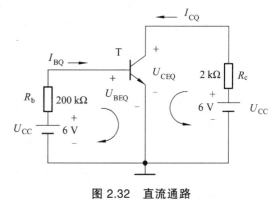

图 2.32 直流通路

第三步，由放大关系可得

$$I_{CQ} = \beta I_{BQ} = 50 \times 26.5 = 1.325\ (\text{mA})$$

第四步，列写集电极回路方程，又称三极管的直流负载线方程：

$$I_{CQ}R_c + U_{CEQ} - U_{CC} = 0$$

整理可得

$$U_{CEQ} = U_{CC} - I_{CQ}R_c = 6 - 1.325 \times 2 = 3.35\ (\text{V})$$

（2）微变等效电路。

图 2.33（a）为工作点稳定电路的交流通路，图 2.33（b）为其微变等效电路。因为旁路电容 C_e 的交流短路作用，电阻 R_e 被短路掉。

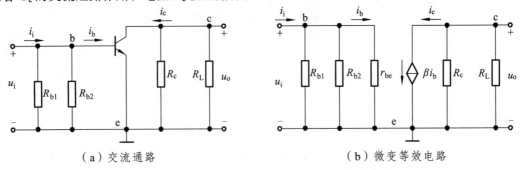

（a）交流通路　　　　　　　　　　　　（b）微变等效电路

图 2.33　稳定电路的交流通路及其微变等效电路

2.4　放大器的 3 种组态

三极管在组成放大电路时便有 3 种连接方式，即放大电路的 3 种组态：共发射极、共集电极和共基极组态放大电路。

图 2.34 为三极管在放大电路中的 3 种连接式。图 2.34（a）为从基极输入信号，从集电极输出信号，发射极作为输入信号和输出信号的公共端，此即共发射极（简称共射极）放大电路；图 2.34（b）为从基极输入信号，从发射极输出信号，集电极作为输入信号和输出信号的公共端，此即共集电极放大电路；图 2.34（c）为从发射极输入信号，从集电极输出信号，基极作为输入信号和输出信号的公共端，此即共基极放大电路。

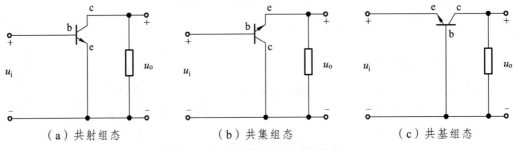

（a）共射组态　　　　　　　　　（b）共集组态　　　　　　　　　（c）共基组态

图 2.34　三极管的 3 种连接方式

基本放大电路共有 3 种组态，前面讨论的放大电路均是共发射极组态放大电路。另两种组态电路分别为共集电极和共基极组态电路。

2.4.1　共集电极放大电路

1. 电路组成

共集电极放大电路应用非常广泛，其电路构成如图 2.35 所示。其组成原则同共射极电路一样，外加电源的极性要保证放大管发射结正偏，集电结反偏，同时保证放大管有一个合适的 Q 点。

交流信号 u_i 从基极 b 输入，u_o 从发射极 e 输出，集电极 c 作为输入、输出的公共端，故称为共集电极组态，此电路也叫发射极输出器。

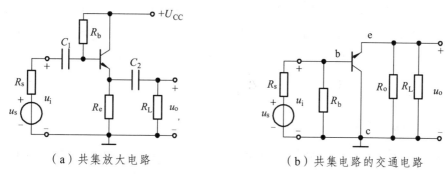

（a）共集放大电路   （b）共集电路的交通电路

图 2.35　共集电极电路及其交流通路

2. 静态工作点 Q 的估算

图 2.36 为共集电路的直流通路及其微变等效电路。

$$\begin{cases} I_{BQ} = \dfrac{U_{CC} - U_{BEQ}}{R_b + (1+\beta)R_e} \\ I_{CQ} = \beta I_{BQ} \\ U_{CEQ} \approx U_{CC} - I_{EQ}R_e \end{cases} \qquad (2\text{-}12)$$

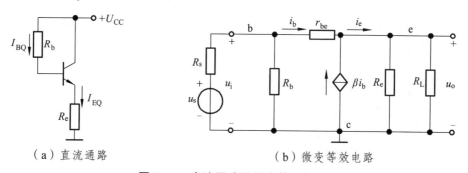

（a）直流通路   （b）微变等效电路

图 2.36　直流通路及微变等效电路

3. 动态参数 A_u、R_i、R_o

u_o、u_i 分别为

$$u_o = i_e R_L' = (1+\beta)i_b R_L' \qquad (2\text{-}13)$$
$$u_i = i_b r_{be} + u_o = i_b r_{be} + (1+\beta)i_b R_L' \qquad (2\text{-}14)$$

则电压放大倍数

$$A_u = \frac{u_o}{u_i} = (1+\beta)R_L' r_{be} + (1+\beta)R_L' \approx 1 \qquad (2\text{-}15)$$

输入电阻

$$R_i = R_b // [r_{be} + (1+\beta)R_L'] \qquad (2\text{-}16)$$

输出电阻

$$R_{o} = R_{e} // \frac{r_{be} + R'_{s}}{1 + \beta} \qquad (2\text{-}17)$$

　　共集电极电路的输出电阻很小，其带负载的能力比较强。实际应用中，射极跟随器常常用在多级放大电路的输出级，以提高整个电路的带负载能力。共集电极电路的输入电阻很大，输出电阻很小。实际应用中，常常用作缓冲级，以减小放大电路前后级之间的相互影响。

2.4.2　共基极放大电路

1. 电路组成

　　图 2.37 为共基放大电路，图中 C_b 为基极旁路电容，其他元件同共射放大电路。

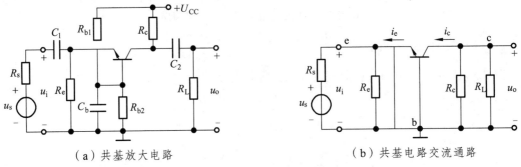

（a）共基放大电路　　　　　　　　　（b）共基电路交流通路

图 2.37　共基极电路及其交流通路

　　交流信号 u_i 从发射极 e 输入，u_o 从集电极 c 输出，基极 b 作为输入、输出的公共端，因此称为共基极组态。

2. 静态工作点 Q 的估算

　　U_{BQ}、I_{CQ}、U_{CEQ} 分别为

$$U_{BQ} = \frac{R_{b2}}{R_{b1} + R_{b2}} U_{CC} \qquad (2\text{-}18)$$

$$I_{CQ} \approx I_{EQ} = U_{BQ} - U_{BEQ} \qquad (2\text{-}19)$$

$$U_{CEQ} \approx U_{CC} - I_{CQ}(R_c + R_e) \qquad (2\text{-}20)$$

3. 动态参数 A_u、R_i、R_o

　　（1）电压放大倍数 A_u。

　　由图 2.37 知，

$$u_i = -i_b r_{be}$$
$$u_o = -\beta i_b R'_L$$

因此，

$$A_u = \frac{u_o}{u_i} = \frac{\beta R'_L}{r_{be}} \qquad (2\text{-}21)$$

式中，$R'_L = R_c // R_L$。

　　（2）输入电阻 R_i。

由图 2.37 知，

$$R_i' = \frac{u_i}{-i_s} = \frac{-i_b r_{be}}{-(1+\beta)i_b} = \frac{r_{be}}{1+\beta} \qquad (2-22)$$

$$R_i = R_e \,/\!/ \, R_i' = R_e \,/\!/ \, \frac{r_{be}}{1+\beta} \qquad (2-23)$$

（3）输出电阻 R_o。

由图 2.37 知，

$$R_o = R_c \qquad (2-24)$$

共基极电路具有电压放大作用，u_o 与 u_i 同相位。放大管输入电流为 i_e，输出电流为 i_c，没有电流放大作用（$i_c \approx i_e$），因此电路又称为电流跟随器。其输入电阻很小，输出电阻很大。共基极电路的频率特性比较好，一般多用于高频放大电路。

2.4.3　3 种组态放大电路的性能比较

表 2.1 为放大电路 3 种组态的性能比较。

表 2.1　放大电路 3 种组态的性能比较

性能＼组态	共射组态	共集组态	共基组态
电路			
A_u	大 （十几至几百） $-\dfrac{\beta R_c /\!/ R_L}{r_{be}}$	小 （小于、近似于 1） $-\dfrac{(1+\beta)R_e /\!/ R_L}{r_{be}+(1+\beta)R_e /\!/ R_L}$	大 （数值同共射电路，但同相） $\dfrac{\beta R_c /\!/ R_L}{r_{be}}$
R_i	中 （几百欧至几千欧） $R_b /\!/ r_{be}$	大 （几十千欧以上） $R_b /\!/ [r_{be}+(1+\beta)R_e /\!/ R_L]$	小 （几欧至几十欧） $R_e /\!/ \dfrac{r_{be}}{1+\beta}$
R_o	中 （几十千欧至几百千欧） R_c	小 （几欧至几十欧） $R_e /\!/ \dfrac{r_{be}+R_s'}{1+\beta}$	大 （同共射电路，只是数值较大） R_c
频率响应	差	较好	好

2.5　场效应管放大电路

场效应管同三极管一样，具有放大作用。它也可以构成各种组态的放大电路，共源极、共漏极、共栅极放大电路。场效应管由于具有输入阻抗高、温度稳定性能好、低噪声、低功耗等特点，其所构成的放大电路有着独特的优点，应用越来越广泛。

场效应管是一个电压控制器件，在构成放大电路时，为了实现信号不失真的放大，同三极管放大电路一样也要有一个合适的静态工作点 Q，但它不需要偏置电流，而是需要一个合适的栅源极偏置电压 U_{GS}。场效应管放大电路常用的偏置电路主要有两种：自偏压电路和分压式自偏压电路。

2.5.1　场效应管微变等效电路

场效应管放大电路同三极管电路的分析方法类似。场效应管的栅极和源极之间电阻很大，电压为 u_{gs}，电流近似为零，可视为开路。漏极和源极之间等效为一个受电压 u_{gs} 控制的电流源。图 2.38 为场效应管及其微变等效电路。

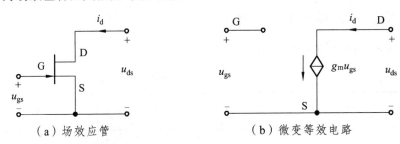

（a）场效应管　　　　　　　（b）微变等效电路

图 2.38　场效应管及其微变等效电路

2.5.2　场效应管放大电路的分析

1. 自偏压电路

图 2.39 为 N 沟道结型场效应管自偏压放大电路。栅源偏置电压为

$$U_{GS} = U_G - U_S = -I_D R_s \tag{2-25}$$

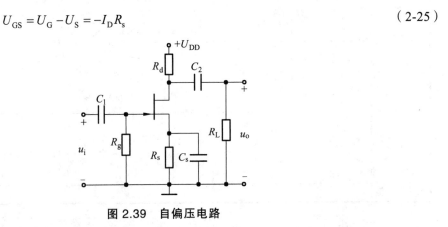

图 2.39　自偏压电路

2. 自偏压电路的动态分析

图 2.40 为图 2.39 自偏压电路的微变等效电路，由此可求电路的电压放大倍数、输入电阻和输出电阻。

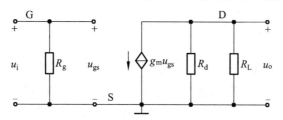

图 2.40　自偏压电路的微变等效电路

3. 分压式自偏压电路

图 2.41 为 N 沟道结型场效应管分压式自偏压放大电路。

4. 分压式自偏压电路的动态分析

图 2.42 为图 2.41 分压式自偏压电路的微变等效电路，图 2.41 也为共源极放大电路。

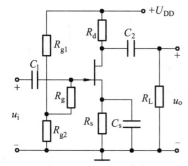

图 2.41　分压式自偏压放大电路

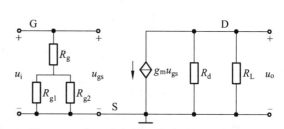

图 2.42　分压式自偏压电路的微变等效电路

共漏极放大电路与三极管共集电极放大电路的性能特点相一致。图 2.43 和图 2.44 分别为共漏极电路及其微变等效电路。根据定义可分别求得电路的电压放大倍数、输入电阻及输出电阻。

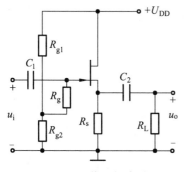

图 2.43　共漏极电路

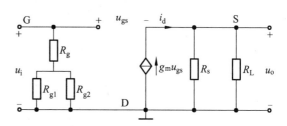

图 2.44　共漏极电路的微变等效电路

同三极管共集电极放大电路一样，共漏极电路没有电压放大作用，$A_u \approx 1$，且 u_o 与 u_i 同相位；电路的输入电阻比较大，输出电阻比较小。

另外，场效应管放大电路还有共栅极电路，其性能特点同共基极放大电路相一致，具有电压放大作用，u_o 与 u_i 同相位，电路的输入电阻小，输出电阻较大等。

2.6 多级放大电路

实际应用中,放大电路的输入信号通常很微弱(毫伏或微伏数量级),为了使放大后的信号能够驱动负载,仅仅通过单级放大电路进行信号放大,很难达到实际要求,常常需要采用多级放大电路。采用多级放大电路可有效地提高放大电路的各种性能,如提高电路的电压增益、电流增益、输入电阻、带负载能力等。

多级放大电路是指两个或两个以上的单级放大电路所组成的电路。图 2.45 为多级放大电路的组成框图。通常称第一级为输入级。对于输入级,一般采用输入阻抗较高的放大电路,以便从信号源获得较大的电压输入信号并对信号进行放大。中间级主要实现电压信号的放大,一般要用几级放大电路才能完成信号的放大。通常把多级放大电路的最后一级称为输出级,主要用于功率放大,以驱动负载工作。

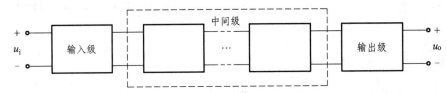

图 2.45 多级放大电路的组成框图

2.6.1 多级放大电路的耦合方式

在多级放大电路中,各级放大电路输入和输出之间的连接方式称为耦合方式。常见的连接方式有 3 种:阻容耦合、直接耦合和变压器耦合。

1. 阻容耦合

它是指各级放大电路之间通过隔直电容耦合连接。图 2.46 为阻容耦合两级放大电路。

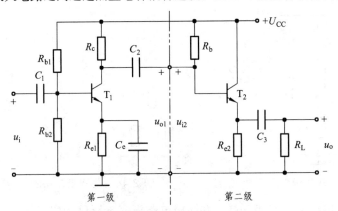

图 2.46 阻容耦合两级放大电路

阻容耦合多级放大电路具有以下特点:

(1)各级放大电路的静态工作点相互独立,互不影响,利于放大器的设计、调试和维修。

(2)低频特性差,不适合放大直流及缓慢变化的信号,只能传递具有一定频率的交流信号。

(3)输出温度漂移比较小。

（4）阻容耦合电路具有体积小、质量轻的优点，分立元件电路中应用较多。但在集成电路中，不易制作大容量的电容，因此阻容耦合放大电路不便于做成集成电路。

2. 直接耦合

它是指各级放大电路之间通过导线直接连接。图 2.47 为直接耦合两级放大电路。前级的输出信号 u_{o1}，直接作为后一级的输入信号 u_{i2}。

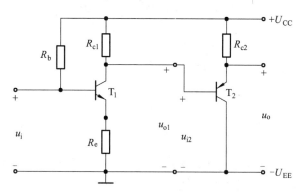

图 2.47　直接耦合两级放大电路

直接耦合电路具有以下特点：

（1）各级放大电路的静态工作点相互影响，不利于电路的设计、调试和维修。

（2）频率特性好，可以放大直流、交流以及缓慢变化的信号。

（3）输出存在温度漂移。

（4）电路中无大的耦合电容，便于集成化。

3. 变压器耦合

它是指各级放大电路之间通过变压器耦合传递信号。图 2.48 为变压器耦合放大电路。通过变压器 Tr_1 把前级的输出信号 u_{o1} 耦合传送到后级，作为后一级的输入信号 u_{i2}。变压器 Tr_2 将第二级的输出信号耦合传递给负载 R_L。

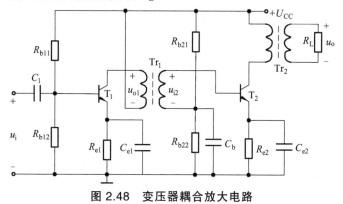

图 2.48　变压器耦合放大电路

2.6.2　多级放大电路的分析方法

多级放大电路的分析是建立在单级放大器电路分析的基础之上的。

1. 多级放大电路的放大

多级放大电路的放大倍数等于所有单级放大器电路的放大倍数的乘积。

$$A_{总} = A_1 \cdot A_2 \cdots A_n$$

2. 多级放大电路的输入电阻 R_i

多级放大电路的输入电阻 R_i 等于从第一级放大电路的输入端所看到的等效输入电阻 R_{i1}，即

$$R_i = R_{i1}$$

3. 多级放大电路的输出电阻 R_o

多级放大电路的输出电阻 R_o 等于从最后一级（末级）放大电路的输出端所看到的等效电阻 $R_{o末}$，即

$$R_o = R_{o末}$$

求解多级放大电路的动态参数 A_u、R_i、R_o 时，一定要考虑前后级之间的相互影响。

（1）要把后级的输入阻抗作为前级的负载电阻。

（2）要把前级的开路电压作为后级的信号源电压，前级的输出阻抗作为后级的信号源阻抗。

2.6.3　复合管

复合管是由两个或两个以上的三极管按照一定的连接方式组成的等效三极管，又称为达林顿管。

1. 复合管的结构

复合管可以由相同类型的管子复合而成，也可以由不同类型的管子复合连接，其连接的方法有多种。连接的基本规律为小功率管放在前面，大功率管放在后面；连接时要保证每管都工作在放大区域，保证每管的电流通路。图 2.49 为 4 种常见的复合管结构。

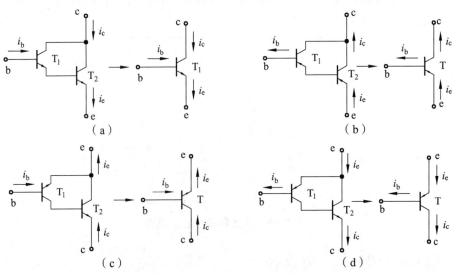

图 2.49　4 种常见的复合管结构

2. 复合管的特点

（1）复合管的类型与组成复合管的第一只三极管的类型相同。

（2）复合管的电流放大系数 β 近似为组成该复合管的各三极管电流放大系数的乘积，即

$$\beta \approx \beta_1 \cdot \beta_2 \cdot \beta_3 \cdots$$

2.7 频率响应特性

2.7.1 频率响应的基本概念

1. 频率响应

放大倍数随信号频率变化的关系称为放大电路的频率特性，也叫频率响应。频率响应包含幅频响应和相频响应两部分。

用关系式 $A_u = A_u(f) \angle \varphi(f)$ 来描述放大电路的电压放大倍数与信号频率的关系。其中 $A_u(f)$ 表示电压放大倍数的模与信号频率的关系，叫作幅频响应；$\varphi(f)$ 表示放大电路的输出电压 u_o 与输入电压 u_i 的相位差与信号频率的关系，叫作相频响应。

2. 上、下限频率和通频带

图 2.50 为阻容耦合放大电路的幅频响应。从图 2.50 中可以看出，在某一段频率范围内，放大电路的电压增益 $|A_u|$ 与频率 f 无关，是一个常数，这时对应的增益称为中频增益 A_{um}；但随着信号频率的减小或增加，电压放大倍数 $|A_u|$ 明显减小。

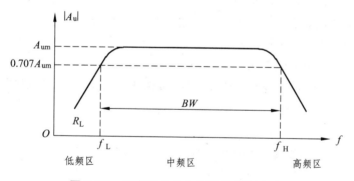

图 2.50 阻容耦合放大电路的幅频响应

（1）下限频率 f_L 和上限频率 f_H。

当放大电路的放大倍数 A_u 下降到 $0.707A_{um}$ 时，所对应的两个频率分别叫作放大电路的下限频率 f_L 和上限频率 f_H。

（2）通频带 BW。

f_L 和 f_H 之间的频率范围称为放大电路的通频带，用 BW 表示，即

$$BW = f_H - f_L$$

3．影响放大电路频率特性的主要因素

放大电路中除有电容量较大的、串接在支路中的隔直耦合电容和旁路电容外，还有电容量较小的、并接在支路中的极间电容以及杂散电容。因此，分析放大电路的频率特性时，为分析方便，常把频率范围划分为 3 个频区：低频区、中频区和高频区，如图 2.50 所示。

（1）低频区：若信号的频率 $f < f_L$，称此频率区域为低频区。

（2）中频区：若信号的频率 $f_L < f < f_H$，称此频率区域为中频区。

（3）高频区：若信号的频率 $f > f_H$，称此频率区域为高频区。

4．单级共射放大电路的频率响应

图 2.51 为单级阻容耦合基本共射放大电路及其频率特性。

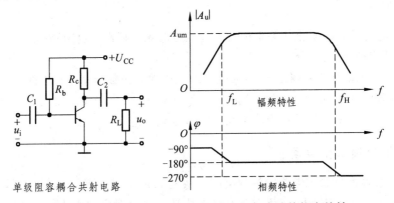

图 2.51　单级阻容耦合基本共射放大电路及其频率特性

（1）单级共射放大电路的中频响应。

在中频区，电压增益最高且较为恒定，相位保持 – 180°反相，是交流信号放大（即音频放大）工作的有效频带宽度范围。

（2）单级共射放大电路的低频响应。

在低频区，要考虑隔直耦合电容和旁路电容的影响。图 2.52 为单级共射电路的低频微变等效电路。

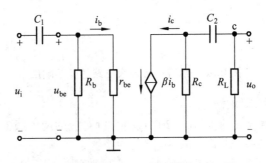

图 2.52　单级共射电路的低频微变等效电路

（3）单级共射放大电路的高频响应。

在高频区，主要考虑极间电容的影响。因为极间电容的分流作用，这时三极管的电流放大系数 β 不再是一个常数，而是信号频率的函数。因此，三极管的中频微变等效电路模型在

这里不再适用，分析时要用三极管的高频微变模型。

2.7.2 多级放大电路的频率响应

多级放大电路的幅频响应为各单级幅频响应的叠加。

（1）在多级放大电路中电压放大倍数为

$$A_u = A_{u1} \cdot A_{u2} \cdot A_{u3} \cdots \tag{2-26}$$

采用分贝（dB）为单位，则有

$$20\lg A_u = 20\lg A_{u1} + 20\lg A_{u2} + 20\lg A_{u3} + \cdots \tag{2-27}$$

（2）多级放大电路的相频响应为各单级相频响应的叠加，即

$$\varphi = \varphi_1 + \varphi_2 + \varphi_3 + \cdots \tag{2-28}$$

（3）多级放大电路的通频带。图 2.53 为两级阻容耦合放大电路的幅频响应。

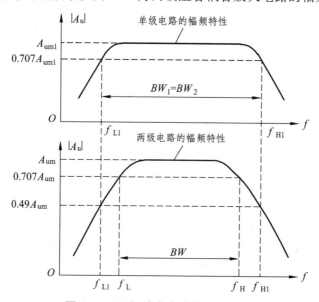

图 2.53　两级放大电路的幅频响应

多级放大电路的下限频率高于组成它的任一单级放大电路的下限频率；而上限频率则低于组成它的任一单级放大电路的上限频率；通频带窄于组成它的任一单级放大电路的通频带。

2.8　实际应用电路举例

2.8.1　高输入阻抗、低噪声前置放大电路

高输入阻抗、低噪声前置放大电路如图 2.54 所示。该电路采用三级放大，三级之间均采用直接耦合方式。

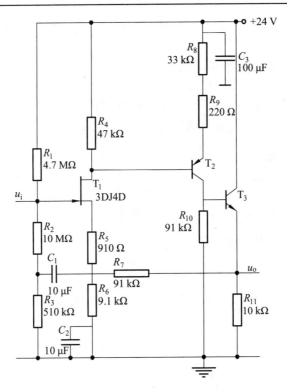

图 2.54　高输入阻抗、低噪声前置放大电路

放大电路的第一级 T_1 采用输入阻抗高、噪声低的场效应管 3DJ4D，从而提高整个电路的输入电阻，降低噪声。T_1 构成共源极电路，从 T_1 漏极输出的信号直接传送到第二级 T_2 的基极。

第二级电路 T_2 为 PNP 型共射放大电路，目的在于提高放大电路的电压增益。

第三级 T_3 放大作为电路的输出级，采用 NPN 型共集电极放大电路，即射极输出器。它具有输出电阻低、带负载强的特性，以提高整个电路的带负载能力。

电容 C 成为自举电容，它的接入可以进一步提高电路的输入阻抗，从而使电路能在放大高阻抗微弱信号源的场合得到广泛应用。电阻 R 是引入的负反馈，目的是稳定电路的静态工作点，以改善电路的动态参量。

2.8.2　低阻抗传声器前置放大电路

低阻抗传声器前置放大电路如图 2.55 所示。放大电路为 3 级放大，第一级和第二级之间采用阻容耦合方式传递信号，第二级和第三级之间采用直接耦合方式传递信号。

第一级 T_1 放大采用共栅极场效应管电路。话筒信号经 C_1 耦合到场效应管的源极，经 T_1 放大后从其漏极输出，经 C_2 耦合，R_3 幅度调整后，再经 C_3 耦合到 T_2 的基极。共栅极电路具有输入阻抗低的特点，有利于放大电路同低阻抗传声器相匹配。另外，场效应管电路噪声小，第一级采用场效应管电路，有利于降低整个放大电路的噪声。

第二级放大电路 T_2 是具有电压放大的共射极电路。其输出信号直接传送给 T_3 的基极。

T_3 构成射极输出放大电路，其输出信号经 C_5 耦合到负载电路。射极输出电路具有输出电阻小，带负载能力强的特点。

　　电容 C_4 为相位补偿电容，C_6 为去耦电容。

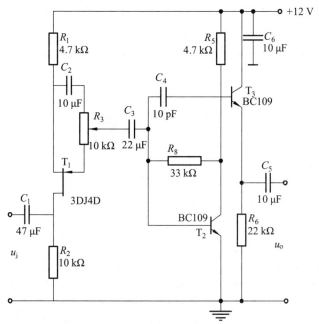

图 2.55　低阻抗传声器前置放大电路

本章小结

　　（1）用来对电信号进行放大的电路称为放大电路，它是使用最为广泛的电子电路，也是构成其他电子电路的基本单元电路。放大电路的性能指标主要有放大倍数、输入电阻和输出电阻等。放大倍数是衡量放大能力的指标，输入电阻是衡量放大电路对信号源影响的指标，输出电阻则是反映放大电路带负载能力的指标。

　　（2）由晶体三极管组成的基本单元放大电路有共射、共集和共基 3 种基本组态。共发射极放大电路输出电压与输入电压反相，输入电阻和输出电阻大小适中。由于它的电压、电流、功率放大倍数都比较大，适用于一般放大或多级放大电路的中间级。共集电极电路的输出电压与输入电压同相，电压放大倍数小于 1 而近似等于 1，但它具有输入电阻高、输出电阻低的特点，多用于多级放大电路的输入级或输出级。共基极放大电路输出电压与输入电压同相，电压放大倍数较高，输入电阻很小而输出电阻比较大，它适用于高频或宽带放大。放大电路性能指标的分析主要采用微变等效电路。场效应管组成的放大电路与晶体三极管类似，其分析方法也相似。

　　（3）多级放大电路级与级之间连接方式有阻容耦合、直接耦合和变压器耦合等，阻容耦合方式由于电容隔断了级间的直流通路，所以它只能用于放大交流信号，但各级静态工作点彼此独立。直接耦合可以放大直流信号，也能放大交流信号，适于集成化电路。但直接耦合存在各级静态工作点互相影响和零点漂移的问题。

　　多级放大电路的放大倍数等于各级放大倍数的乘积，但在计算每一级放大倍数时要考虑前、后级之间的影响。

（4）放大电路的调整与测试主要是进行静态调试和动态调试。静态调试一般采用万用表直流电压挡测量放大电路的直流工作点。动态调试的目的是为了使放大电路的增益、输出电压动态范围、波形失真、输入和输出电阻等指标达到要求。

通过基本单元电路的调整测试技能训练，应掌握放大电路调整与测试的基本方法，提高独立分析和解决问题的能力。

思考与练习题

2.1   晶体管放大电路的组成原则是什么？

2.2   放大器有哪些主要性能指标？其定义式各是怎样的？

2.3   判断图 2.56 中各电路能否放大并简述其理由。

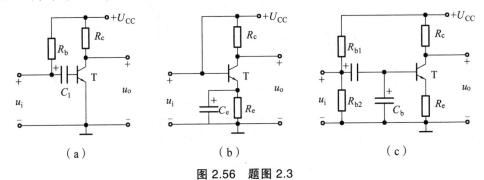

图 2.56   题图 2.3

2.4   判断图 2.57 中的场效应管放大器电路设计是否合理，并说明其理由。

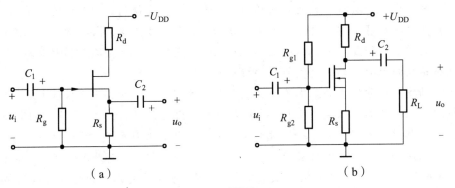

图 2.57   题图 2.4

2.5   晶体三极管放大器求解静态工作点的方法有哪几种？它们分别是什么？分析思路如何？

2.6   场效应管放大器的偏置电路与晶体管放大器的偏置电路有哪些区别？说出其求 Q 点的方法。

2.7   在图 2.58 中，已知 $R_1 = 3\ \text{k}\Omega$，$R_2 = 12\ \text{k}\Omega$，$R_c = 1.5\ \text{k}\Omega$，$R_e = 500\ \Omega$，$U_{CC} = 20\ \text{V}$，且 β 为 30。

（1）计算放大器的 Q 点；

（2）若换一只 β 为 60 的同类型管子，计算 Q 点，并说明电路工作在什么状态？

（3）当温度升高时，电路是否具有稳 Q 作用？用箭头表述该电路的稳 Q 原理。

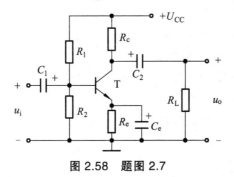

图 2.58　题图 2.7

2.8　图 2.59（a）中的场效应管放大器，其特性曲线如图 2.59（b）所示，已知 $U_{DD} = 20$ V，$U_{GG} = 2$ V，$R_D = 5.1$ kΩ，$R_G = 10$ MΩ。

（1）试用图解法求 Q 点；

（2）由特性曲线求出跨导 g_m。

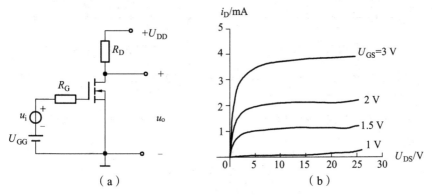

图 2.59　题图 2.8

2.9　在图 2.60（a）中，$U_{CC} = 10$ V，$R_b = 510$ kΩ，$R_c = 10$ kΩ，$R_L = 15$ kΩ。三极管的输出特性曲线如图 2.60（b）所示。

（1）试用图解法求 Q 点，并讨论 Q 点选择是否合适；

（2）画出交流负载线，估计最大不失真输出电压 U_{om}。

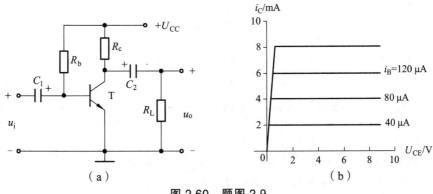

图 2.60　题图 2.9

2.10   在图 2.61 中，已知 $U_{DD} = 30$ V，$R_D = 15$ kΩ，$R_s = 1$ kΩ，$R_G = 20$ MΩ，$R_1 = 30$ kΩ，$R_2 = 200$ kΩ，$R_L = 15$ kΩ，$g_m = 1.5$ ms。

（1）画出电路的微变等效电路；

（2）计算电压增益、输入电阻、输出电阻；

（3）若电容 C_s 开路，重算上述各值。

2.11   源极输出电路如图 2.62 所示。已知其 Q 点处的跨导 $g_m = 1$ ms，设 r_{ds} 很大可忽略。

（1）画微变等效电路图；

（2）求电压增益、输入电阻、输出电阻。

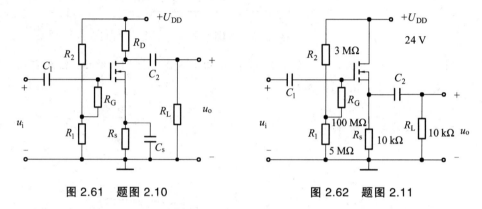

图 2.61　题图 2.10   图 2.62　题图 2.11

2.12   在图 2.63 中，设三极管的 $\beta = 100$，$U_{CC} = 12$ V，$R_e = 5.6$ kΩ，$R_b = 560$ Ω。

（1）求 Q 点；

（2）画微变等效电路图，分别求出当 $R_L \to \infty$ 和 $R_L = 1.2$ kΩ 时的电压增益和输入电阻；

（3）求 R_o。

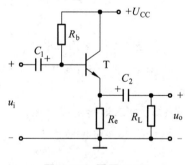

图 2.63　题图 2.12

2.13   设图 2.64 中的三极管的 β 均为 100，$r_{be1} = 6$ kΩ，$r_{be2} = 1.5$ kΩ。

（1）求 R_i 和 R_e；

（2）分别求当 $R_s = 0$ 和 $R_s = 20$ kΩ 时的电压放大倍数 $A_{us} = \dfrac{u_o}{u_s}$。（提示：$A_{us} = \dfrac{u_o}{u_i} \times \dfrac{u_i}{u_s}$）

2.14   频率响应可以从哪两个方面分别讨论？

2.15   频率失真包括哪两种失真？频率失真和非线性失真的区别在哪里？

2.16   单级放大电路的下限频率主要受什么影响？上限频率又受什么影响？

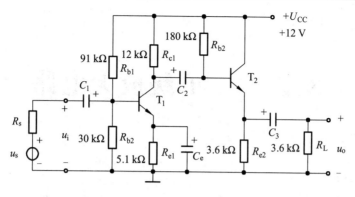

图 2.64　题图 2.13

实训二　单级放大电路

一、实训目的

（1）掌握放大器静态工作点的测试方法及其对放大器性能的影响。

（2）学习测量放大器 Q 点、A_u、R_i、R_o 的方法，了解共射极电路特性。

（3）学习放大器的动态性能。

二、实训原理

设计放大器欲达到预期的指标往往要经过反复计算、测量、调试等才能完成，因此掌握放大器的测量技术是很重要的，放大器性能指标的测量一般包括下列内容：

（1）静态工作点的测量；

（2）放大倍数的测量；

（3）频响特性的测量；

（4）非线性失真的测量；

（5）输入、输出电阻的测量；

（6）噪声的测量等。

本次实训主要是掌握放大器静态工作点和放大倍数的测量方法。

放大器的一个基本任务是将输入信号进行不失真地放大。如果晶体管放大器不设置偏置（静态基极电流 $I_b = 0$）则当输入正弦波基极电流时，集电极电流波形将呈现出截止失真，如实训图 2.1 中的 Q_1 点。

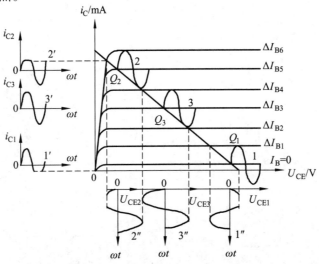

实训图 2.1　选择工作点与输入波形的关系

若工作点设置于 Q_2 点（见实训图 2.1），当基极电流正半周时幅度大的部分进入饱和区，集电极电流如图中的"削幅"波形 2 所示，即出现饱和失真。总之，工作点应选择适当（如图中 Q_3），才能避免上述失真现象。

对于本实训的分压式偏置电路：

$$I_C = \beta I_B + I_{CEO}$$

$$U_{BQ} = \frac{R_{b2}}{R_{b1} + R_{b2}} \cdot E_C (I_1 \gg I_{BQ})$$

$$U_E \approx U_{BQ} \ (U_{BE} \ll U_{BQ})$$

$$U_{CEQ} = E_C - I_{CQ} (R_c + R_e)$$

$$A_{us} = \frac{u_o}{u_s} = \frac{-\beta R'_L}{R_s + r_{be}}$$

如果不考虑电源内阻的影响，则放大倍数为

$$A_u = \frac{u_o}{u_i} = \frac{-\beta R'_L}{r_{be}}$$

式中

$$R'_L = R_c /\!/ R_L = \frac{R_c R_L}{R_c + R_L}$$

$$r_{be} = r_{bb'} + (1+\beta)\frac{26}{I_E} = 300 + (1+\beta)\frac{26}{I_E}$$

当 $r_{bb'} \ll (1+\beta)\dfrac{26}{I_E}$ 时，则

$$A_u \approx \frac{R'_L I_E}{26}$$

由以上分析可知，R_L、R_c、I_C 变化时，A_u、A_{us} 也随之变化。

三、实训仪器

（1）示波器；
（2）低频信号发生器；
（3）万用表；
（4）毫伏表。

四、实训内容及步骤

（1）实训图 2.2 为以晶体管 S9013 组成的放大电路，连接电路（注意连线前先测量 + 12 V 电源，断开电源后再接线），将 R_p 调到电阻最大位置。接线后仔细检查，确认无误后接通电源。

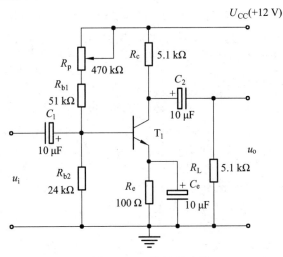

实训图 2.2　单级放大器

（2）静态调整。

调整 R_p 使 $U_E = 2.2$ V，计算并填入实训表 2.1 中。

实训表 2.1

实　　测			实测计算	
U_{BE}/V	U_{CE}/V	$R_b/k\Omega$	$I_B/\mu A$	I_E/mA

（3）动态研究。

① 将信号发生器调到 $f = 1$ kHz，幅值为 3 mV，接到放大器输入端 u_i，观察 u_i 和 u_o 端波形并比较相位。

② 信号源频率不变逐渐加大幅度，观察 u_o 不失真时的最大值并填入实训表 2.2 中。

实训表 2.2

实　　测		实测计算	估算
u_i/mV	u_o/V	A_u	A_u

③ 保持 $u_i = 5$ mV 不变，放大器接入负载 R_L，在改变 R_c 数值的情况下测量，并将计算结果填入实训表 2.3 中。

实训表 2.3

给定参数		实　　测		实测计算	估算
R_e	R_L	u_i/mV	u_o/V	A_u	A_u
2 kΩ	5.1 kΩ				
2 kΩ	2.2 kΩ				
5.1 kΩ	5.1 kΩ				
5.1 kΩ	2.2 kΩ				

④ 保持 $u_i = 5\,\text{mV}$ 不变，增大和减小 R_p，观察 u_o 波形的变化，测量并填入实训表 2.4 中。

实训表 2.4

R_p 值	U	U_c	U_e	输出波形情况
最 大				
合 适				
最 小				

（4）测放大器输入、输出电阻。

① 输入电阻测量。

在输入端串接一个 $5.1\,\text{k}\Omega$ 的电阻，测量 u_s 与 u_i，即可计算 r_i，如实训图 2.3 所示。

② 输出电阻测量。

在输出端接入可调电阻作为负载，选择合适的 R_L 值，使放大器输出不失真（接示波器监视），测量有负载和空载时的 u_o，即可计算 r_o，如实训图 2.4 所示。

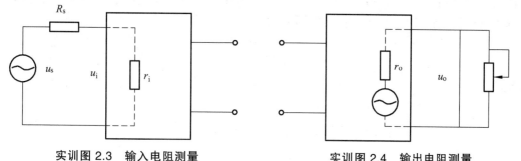

实训图 2.3 输入电阻测量　　　　实训图 2.4 输出电阻测量

将上述测量及计算结果填入实训表 2.5 中。

实训表 2.5

测输入电阻				测输出电阻			
实 测		测算	估算	实 测		测算	估算
u_s/mV	u_i/mV	r_i	r_i	u_o $R_L = \infty$	u_o $R_L =$	R_0/kΩ	R_0/kΩ

五、实训报告

注明所完成的实训内容和思考题，简述相应的基本结论。

实训三　射极跟随电路

一、实训目的

（1）掌握射极跟随器的特性及测量方法。

（2）进一步学习放大器各项参数的测量方法。

二、实训原理

实训图 3.1 为晶体管 S9013 的射极跟随器实训电路。它具有输入电阻高、输出电阻低，电压放大倍数接近于 1 和输出电压与输入电压相同的特点。输出电压能够在较大的范围内跟随输入电压作线性变化，而具有优良的跟随特性，故又称跟随器。

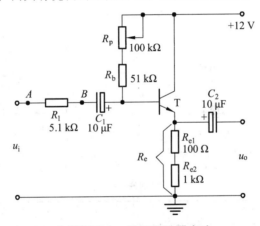

实训图 3.1　射极跟随器电路

以下列出射极跟随器特性的关系式，供验证分析时参考。

1. 输入电阻 R_i

设实训图 3.1 电路的负载为 R_L，则输入电阻为

$$R_i = R_b // [r_{be} + (1+\beta)R'_L]$$

式中　　　　　　　　　$R'_L = R_L // R_e$

因为 R_b 很大，所以

$$R_i = r_{be} + (1+\beta)R'_L = \beta R'_L$$

若射极输出器不接负载 R_L，R_b 又很大，则

$$R_i = \beta R_e$$

而实际测量时，是在输入端串接一个已知电阻 R_1，在 A 端输入的信号是 V_i，在 B 端的输入信号是 V_i'，显然射极输出器的输入电流为

$$I_i' = \frac{V_i - V_i'}{R_1}$$

式中，I_i' 是流过 R_1 的电流。于是射极输出器的输入电阻为

$$R_i = \frac{V_i'}{I_i'} = \frac{V_i'}{\frac{V_i - V_i'}{R_1}} = \frac{R_1}{\frac{V_i}{V_i'} - 1}$$

所以只要测得实训图 3.1 中 A、B 两点信号电压的大小就可按上式计算出输入电阻 R_i。

2. 输出电阻 R_o

在放大器的输出端（见实训图 3.2）的 D、F 两点，加上负载 R_L，则放大器的输出信号电压 V_L 将比不带负载时的 V_o 有所下降，因此放大器的输出端 D、F 看进去整个放大器相当于一个等效电源，该等效电源的电动势为 V_s，内阻即为放大器的输出电阻 R_o，按实训图 3.2 等效电路先使放大器开路，测出其输出电压为 V_o，显然 $V_o = V_s$，再使放大器带上负载 R_L'，由于 R_o 的影响，输出电压将降为

$$V_L = \frac{R_L' V_s}{R_o + R_L}$$

因为

$$V_o = V_s$$

则

$$R_o = \left(\frac{V_o}{V_L} - 1\right) R_L$$

所以在已知负载 R_L 的条件下，只要测出 V_o 和 V_L，就可按上式计算出射极输出器的输出电阻 R_o。

实训图 3.2 求输出电阻的等效电路

3. 电压跟随范围

电压跟随范围是指跟随器输出电压随输入电压作线性变化的区域，但在输入电压超过一定范围时，输出电压便不能跟随输入电压作线性变化，失真急剧增加。

我们知道，射极跟随器

$$A_V = \frac{V_o}{V_i} = 1$$

此式说明，当输入信号 V_i 升高时，输出信号 V_o 也升高；反之，若输入信号降低，输出信号也降低，因此射极输出器的输出信号与输入信号是同相变化的，这就是射极输出器的跟随作用。

所谓跟随范围就是输出电压能够跟随输入电压摆到的最大幅度还不至于失真。也就是说，跟随范围就是射极的输出动态范围。

三、实训仪器

（1）低频信号发生器；

（2）示波器；

（3）万用表。

四、实训内容与步骤

（1）按实训图 3.1 所示的电路接线。

（2）静态工作点的调整。

将电源 + 12 V 接上，在 B 点加 $f = 1$ kHz 正弦波信号，输出端用示波器监视，反复调整 R_p 及信号源输出幅度，使输出幅度在示波器屏幕上得到一个最大不失真波形，然后断开输入信号，用万用表测量晶体管各极对地的电位，即为该放大器静态工作点，将所测量数据填入实训表 3.1 中。

实训表 3.1

V_e/V	V_{be}/V	V_e/V	$I_e = \dfrac{V_e}{R_e}$

（3）测量电压放大倍数 A_V。

接入负载 $R_L = 5.1$ kΩ，在 B 点加 $f = 1$ kHz 的信号，调输入信号幅度，用示波器观察，在输出最大不失真情况下测 V_i、V_L 值，将所测数据填入实训表 3.2 中。

实训表 3.2

V_i/V	V_L/V	$A_V = \dfrac{V_L}{V_i}$

（4）测量输出电阻 R_o。

在 B 点加 $f = 1$ kHz 的正弦波信号，$V_i = 100$ mV 左右，接上负载 $R_L = 2.2$ kΩ 时，用示波器观察输出波形，测空载输出电压 V_o（$R_L = \infty$），有负载输出电压 V_L（$R_L = 2.2$ kΩ）的值。则 $R_o = \left(\dfrac{V_o}{V_L} - 1\right) R_L$，将所测数据填入实训表 3.3 中。

实训表 3.3

V_o/mV	V_L/mV	$R_o = \left(\dfrac{V_o}{V_L} - 1\right) R_L$

（5）测量放大器输入电阻 R_i。

在输入端串入 5.1 kΩ 电阻，A 点加 $f = 1$ kHz 的正弦信号，用示波器观察输出波形，用毫伏表分别测 A、B 点对地电位 V_s、V_i。

则
$$R_i = \frac{V_i}{V_s - V_i} \cdot R = \frac{R}{\dfrac{V_s}{V_i} - 1}$$

将测量数据填入实训表 3.4 中。

实训表 3.4

V_s/V	V_i/V	$R_i = \dfrac{R}{V_s/V_i - 1}$

（6）测射极跟随器的跟随特性并测量输出电压峰峰值 $V_{OP\text{-}P}$。

接入负载 $R_L = 2.2\ \text{k}\Omega$，在 B 点加入 $f = 1\ \text{kHz}$ 的正弦信号，逐点增大输入信号幅度 V_i，用示波器观察输出端，在波形不失真时，测所对应的 V_L 值，计算出 A_V，并用示波器测量输出电压的峰峰值 $V_{OP\text{-}P}$，与电压表测出的对应输出电压有效值比较。将所测数据填入实训表 3.5 中。

实训表 3.5

序　号	1	2	3	4
V_i				
V_L				
$V_{OP\text{-}P}$				
A_V				

五、实训报告

（1）绘出实训原理电路图，标明实训的元件参数值。

（2）整理实训数据及说明实训中出现的各种现象，得出有关的结论；画出必要的波形及曲线。

实训四　场效应管放大电路

一、实训目的

（1）熟悉场效应管放大器的工作原理。

（2）掌握场效应管特性曲线及低频跨导 g_m，电压放大倍数 A_u，输入电阻 R_i、输出电阻 R_o 的测试方法。

二、实训原理

场效应管是一种电压控制型器件，按结构可分为结型和绝缘栅型两种类型。由于场效应管之间处于绝缘或反向偏置，所以输入电阻很高（一般可达上百兆欧）。又由于场效应管是一种多数载流子控制器件，因此热稳定性好，抗辐射能力强，噪声系数小。加之制造工艺较简单，便于大规模集成，因此得到越来越广泛的应用。

1. 场效应管 3DJ6 的特性和参数

场效应管的特性主要有输出特性和转移特性。实训图 4.1 为 N 沟道结型场效应管 3DJ6 的输出特性和转移特性曲线。其直流参数主要有饱和漏极电流 I_{DSS}，夹断电压 U_P 等（见实训表 4.1）。交流参数主要有低频跨导：

$$g_m = \frac{\Delta I_D}{\Delta U_{GS}}\bigg|_{U_{DS} = 常数}$$

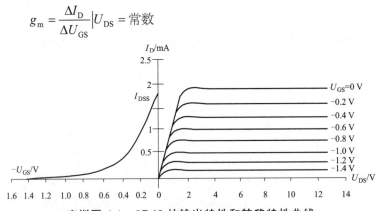

实训图 4.1　3DJ6 的输出特性和转移特性曲线

实训表 4.1　3DJ6 典型参数值及测试条件

参数名称	饱和漏极电流 I_{DSS}/mA	夹断电压 U_P/V	跨导 g_m/(μA/V)
测试条件	$U_{DS} = 10\ V$ $U_{GS} = 0\ V$	$U_{DS} = 10\ V$ $I_{DS} = 50\ \mu A$	$U_{DS} = 10\ V$ $I_{DS} = 3\ mA$ $f = 1\ kHz$
参数值	$1 \sim 3.5$	$<\lvert -9 \rvert$	>100

2. 场效应管放大器性能分析

实训图 4.2 为结型场效应管组成的共源级放大电路。其静态工作点

$$U_{GS} = U_G - U_S = \frac{R_{g1}}{R_{g1} + R_{p1}} U_{DD} - I_D R_{p2}$$

$$I_D = I_{DSS}\left(1 - \frac{U_{GS}}{U_P}\right)^2$$

中频电压放大倍数

$$A_u = -g_m R'_L = -g_m R_D /\!/ R_L$$

输入电阻

$$R_i = R_G + R_{g1} /\!/ R_{p1}$$

输出电阻

$$R_o \approx R_D$$

式中，跨导 g_m 可由特性曲线用作图法求得，或用公式

$$g_m = -\frac{2I_{DSS}}{U_P}\left(1 - \frac{U_{GS}}{U_P}\right)$$

计算。但要注意，计算时 U_{GS} 要用静态工作点处的数值。

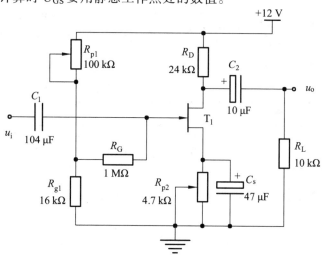

实训图 4.2　场效应管放大电路

3. 输入电阻的测量方法

　　场效应管放大器的静态工作点、电压放大倍数和输出电阻的测量方法，与晶体管放大器的测量方法相同。其输入电阻的测量，从原理上讲，也可采用实训 1 中所述的方法，但由于场效应管的 R_i 比较大，如直接测输入电压 U_s 和 U_i，则限于测量仪器的输入电阻有限，必然会带来较大的误差。因此为了减小误差，常利用被测放大器的隔离作用，通过测量输出电压 U_o 来计算。输入电阻测量电路如实训图 4.3 所示。

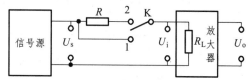

实训图 4.3　输入电阻测量电路

在放大器的输入端串入电阻 R，把开关 K 掷向位置 1（即 $R=0$），测量放大器的输出电压 $U_{o1}=A_u U_s$；保持 U_s 不变，再把 K 掷向 2（即接入 R），测量放大器的输出电压 U_{o2}。由于两次测量中 A_u 和 U_s 保持不变，故

$$U_{o2} = A_u U_i = \frac{R_i}{R+R_i} U_s A_u$$

由此可求出

$$R_i = \frac{U_{o2}}{U_{o1}-U_{o2}} R$$

式中，R 和 R_i 不要相差太大，本实训可取 $R=100 \sim 200\ \text{k}\Omega$。

三、实训仪器

（1）函数信号发生器；

（2）示波器；

（3）交流毫伏表；

（4）直流电压表。

四、实训内容及步骤

1. 静态工作点的测量和调整

（1）按实训图 4.2 连接电路，令 $u_i=0$，接通 +12 V 电源，用直流电压表测量 U_G、U_S 和 U_D。检查静态工作点是否在特性曲线放大区的中间部分。如合适则把结果记入实训表 4.2 中。

（2）若不合适，则适当调整 R_{g2} 和 R_s，调好后，再测量 U_G、U_S 和 U_D，记入实训表 4.2 中。

实训表 4.2

测量值						计算值		
U_G/V	U_S/V	U_D/V	U_{DS}/V	U_{GS}/V	I_D/mA	U_{DS}/V	U_{GS}/V	I_D/mA

2. 电压放大倍数 A_u、输入电阻 R_i 和输出电阻 R_o 的测量

（1）A_u 和 R_o 的测量。

在放大器的输入端加入 $f=1\ \text{kHz}$ 的正弦信号 u_i（$50 \sim 100\ \text{mV}$），并用示波器监视输出电压 u_o 的波形。在输出电压 u_o 没有失真的条件下，用交流毫伏表分别测量 $R_L=\infty$ 和 $R_L=10\ \text{k}\Omega$ 时的输出电压 U_o（注意：保持 u_i 幅值不变），记入实训表图 4.3 中。

实训表 4.3

	测量值				计算值		u_i 和 u_o 波形
	U_i/V	U_o/V	A_u	R_o/kΩ	A_u	R_o/kΩ	u_i
$R_L=\infty$							
$R_L=10\ \text{k}\Omega$							u_o

用示波器同时观察 u_i 和 u_o 的波形，描绘出来并分析它们的相互因素。

（2）R_i 的测量。

按实训图 4.3 改接实训电路，选择合适大小的输入电压 U_S（50～100 mV），将开关 K 掷向位置 1，测出 $R = 0$ 时的输出电压 U_{o1}，然后将开关掷向位置 2，（接入 R），保持 U_S 不变，再测出 U_{o2}，根据公式

$$R_i = \frac{U_{o2}}{U_{o1} - U_{o2}} R$$

求出 R_i，记入实训表 4.4 中。

实训表 4.4

测量值			计算值
U_{o1}/V	U_{o2}/V	R_i/kΩ	R_i/kΩ

五、实训报告

（1）整理实训数据，将测得的 A_u、R_i、R_o 和理论计算值进行比较。

（2）把场效应管放大器与晶体管放大器进行比较，总结场效管放大器的特点。

（3）分析测试中的问题，总结实训收获。

实训五　制作调试电子助听器

一、实训目的

通过对电子助听器的组装、调试等，进一步掌握电子电路的装配技巧及调试方法。

二、实训器材

万用表、示波器、电烙铁、直流电源。

三、实训内容及要求

根据电路进行组装、调试，制作一个电子助听器。

实训图 5.1 为电子助听器电路。使用时只要对话筒轻轻发声，耳机中即能听到放大后的洪亮声音，适用于一些听力受损的人的需要。

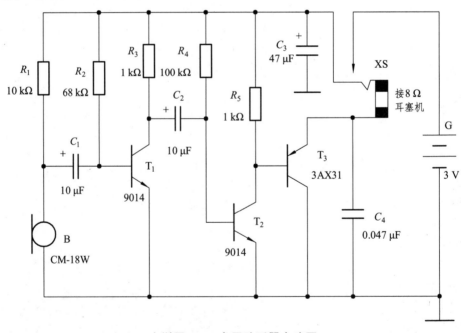

实训图 5.1　电子助听器电路图

四、助听器的组成及工作原理

助听器主要包括五大部分：

（1）放大器：放大电信号（晶体管放大线路）。

（2）耳机：把电信号转化为声信号（即把电能转化为声能）。

（3）耳模（耳塞）：置入外耳道。

（4）音量控制开关。

（5）电源：供放大器用的干电池。

助听器实质上是一个由晶体三极管 $T_1 \sim T_3$ 构成的多级音频放大器。T_1 与外围阻容元件组成了典型的阻容耦合放大电路，担任前置音频电压放大；T_2、T_3 组成了两级直接耦合式功率放大电路，其中 T_3 接成发射极输出形式，它的输出阻抗较低，以便与 8 Ω 低阻耳塞式耳机相匹配。

驻极体话筒 B 接收到声波信号后，输出相应的微弱电信号。该信号经电容器 C_1 耦合到 T_1 的基极进行放大，放大后的信号由其集电极输出，再经 C_2 耦合到 T_2 进行第二级放大，最后信号由 T_3 发射极输出，并通过插孔 XS 送至耳塞机放音。电路中，C_4 为旁路电容器，其主要作用是旁路掉输出信号中形成噪声的各种谐波成分，以改善耳塞机的音质。C_3 为滤波电容器，主要用来减小电池 G 的交流内阻（实际上为整机音频电流提供良好通路），可有效防止电池快报废时电路产生的自激振荡，并使耳塞机发出的声音更加清晰响亮。

五、元器件的选择

T_1、T_2 选用 3DG8 型硅 NPN 小功率、低噪声三极管，要求电流放大系数 $\beta \geqslant 100$；T_3 宜选用 3AX31 型等锗 PNP 小功率三极管，要求穿透电流 I_{CEO} 尽可能小些，$\beta \geqslant 30$ 即可。B 选用 CM-18W 型（$\phi10$ mm×6.5 mm）高灵敏度驻极体话筒，它的灵敏度划分成 5 个挡，分别用色点表示：红色为 – 66 dB，小黄为 – 62 dB，大黄为 – 58 dB，蓝色为 – 54 dB，白色 > – 52 dB。本制作中应选用白色点产品，以获得较高的灵敏度。B 也可用蓝色点、高灵敏度的 CRZ2-113F 型驻极体话筒来直接代替。

$R_1 \sim R_5$ 均用 RTX-1/8W 型碳膜电阻器。$C_1 \sim C_3$ 均用 CD11-10V 型电解电容器，C_4 用 CT1 型瓷介电容器。G 用两节 5 号干电池串联而成，电压 3 V。XS 选用 CKX2-3.5 型（$\phi3.5$ mm 口径）耳塞式耳机常用的两芯插孔，买来后要稍作改制方能使用。用镊子夹住插孔的内簧片向下略加弯折，将内、外两簧片由原来的常闭状态改成常开状态就可以了。改制好的插孔，要求插入耳机插头后，内、外两簧片能够可靠接通，拔出插头后又能够可靠分开，以便兼作电源开关使用。耳机采用带有 CSX2-3.5 型（$\phi3.5$ mm）两芯插头的 8 Ω 低阻耳塞机。

3 集成运算放大器电路

采用半导体制造工艺将管子、电阻等元器件以及电路的连线都集中制作在一块半导体硅基片上，称为集成电路。集成电路可分为模拟集成电路和数字集成电路两大类，集成运算放大器是属于模拟集成电路的一种。由于它最初作运算、放大使用，所以取名为运算放大器。而目前它已广泛应用于信号处理、信号变换及信号发生等各个方面，在控制、测量、仪表等领域中占有重要的地位。

集成运算放大器内部是一个高增益的多级直接耦合放大电路。电路种类繁多，但构成集成运算放大器（以下简称集成运放）的基本组成十分相似，因而首先讨论组成集成运放的基本单元电路：差分放大电路和电流源。然后介绍集成运放的组成、工作原理、主要技术指标及其运算电路和分析方法。

3.1 差分放大电路基础

差分放大电路是集成运放的基本组成单元。利用差分放大电路可以克服直接耦合放大器的零点漂移问题。差分放大电路有双端输入和单端输入两种输入形式。

3.1.1 双端输入的基本差分放大电路

将两个电路参数和管子特性完全对称的共射放大电路连接在一起，电路接入两个电源，$+V_{CC}$ 和 $-V_{EE}$，构成图 3.1 所示的基本差分放大电路。电路对地有①和②两个输入端及两个输出端，称为双端输入、双端输出差分放大电路。

1. 静态分析及抑制零点漂移的原理

（1）静态分析。

当没有输入信号电压时，即 $u_{i1} = u_{i2} = 0$，由于电路完全对称，$R_{c1} = R_{c2} = R_c$，$U_{BE1} = U_{BE2} = U_{BE}$，这时

$$I_{C1} = I_{C2} = I_C = I_B \times \beta = \frac{V_{EE} - U_{BE}}{2(1+\beta)R_e} \cdot \beta$$

当 $\beta \ll 1$ 时，

$$I_C \approx \frac{V_{EE} - U_{BE}}{2R_e}$$

$$U_{C1} = U_{C2} = V_{CC} - I_C R_C$$

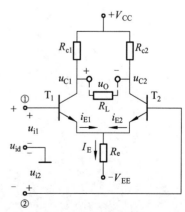

图 3.1 基本差分放大电路

故输出电压 $u_O = U_{C1} - U_{C2} = 0$。

由此可知，输入信号为零时，基本差分放大电路的输出信号电压 u_O 也为零。

（2）抑制零点漂移的原理。

当放大电路输入端短路时，输出端仍有缓慢变化的电压产生，这个输出电压称为漂移电压，这种现象称为零点漂移。

在直流耦合的多级放大电路中，第一级的输出漂移电压作为第二级的输入信号，被逐级放大，使放大电路的输出端产生较大的漂移电压，当漂移电压的大小可以和有效信号电压相比时，就很难区分是有效信号还是漂移电压，使放大电路无法正常工作。由于温度变化所引起的三极管参数的变化是产生零点漂移现象的主要原因，因此，也称之为温度漂移。

在差分放大电路中，当温度发生变化时，将使三极管参数变化，从而引起两管集电极电流以及相应的集电极电压相同的变化，即 $\Delta I_{C1} = \Delta I_{C2}$，$\Delta U_{C1} = \Delta U_{C2}$，则输出变化量为

$$\Delta U_O = \Delta U_{C1} - \Delta U_{C2} = 0$$

上式说明，差分电路利用两个特性相同的三极管互相补偿，从而抑制了零漂。当然，在实际情况下，两管特性不可能完全对称，但是输出漂移电压将大大减小。由于差分放大电路有抑制零漂的作用，所以这种电路特别适用于作为多级直接耦合放大电路的输入级，它在模拟集成电路中被广泛使用。

2. 双端输入时动态分析

由于差分放大电路结构为直接耦合形式，因此输入信号可以是直流，也可以是交流信号。

（1）输入信号类型：差模信号和共模信号。

由于差分放大电路有两个输入端，各端对地均有输入信号，其信号可分为差模信号和共模信号两类。当两个输入端加上两个幅值相同而极性相反的信号，$u_{i1} = -u_{i2}$，这种输入方式称为差模输入方式，而 $u_{id} = u_{i1} - u_{i2} = 2u_{i1}$ 称为差模输入信号。反之，如果两个输入端的输入信号极性相同、幅值也相同，即 $u_{i1} = u_{i2} = u_{ic}$，则称为共模信号。这种输入方式称为共模输入方式。

（2）差模输入。

① 双端输出时差模交流通路。

当差分放大电路输入差模信号时，即 $u_{i1} = -u_{i2}$，由于电路对称，集电极电流 i_{C1} 的增加量和 i_{C2} 的减少量相同，即 $\Delta i_{C1} = -\Delta i_{C2}$，$\Delta i_{E1} = -\Delta i_{E2}$，所以 $\Delta i_E = \Delta i_{E1} + \Delta i_{E2} = 0$，则 $\Delta u_{Re} = 0$，故 R_e 上不存在差模信号。

可见在差模输入情况下，R_e 可以视为短路。差模交流通路如图 3.2 所示。

② 双端输出时差模电压放大倍数。

双端输出时，差模电压放大倍数 A_{ud} 为

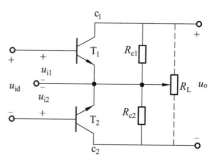

图 3.2　双端输出时差模交流通路

$$A_{ud} = \frac{u_o}{u_{id}} = \frac{u_{o1} - u_{o2}}{u_{i1} - u_{i2}} = \frac{2u_{o1}}{2u_{i1}} = \frac{u_{o1}}{u_{i1}} = -\frac{\beta R_e}{r_{be}} \qquad (3\text{-}1)$$

其中，u_o 是双端输出时差模输出电压，它等于两管输出信号之差。u_{id} 为差模输入电压，它等于两个输入端的差模输入信号之差。其负号表示输出与输入信号相位相反。

当两个输出端之间接上负载 R_L 时，差模电压放大倍数

$$A_{ud} = -\frac{\beta R_L'}{r_{be}} \qquad (3\text{-}2)$$

其中，$R_L' = R_c // \dfrac{R_L}{2}$。输入差模信号时，$C_1$ 和 C_2 两点的电位向相反的方向变化，并且变化量相等，故负载电阻 R_L 中点电位不变，即对差模信号，负载的中点相当于接地，因此在差分输入的半边等效电路中，负载电阻是 $R_L/2$。

③ 双端输出时的输入电阻和输出电阻。

从电路的两个输入端看进去的等效电阻称为差模输入电阻，用 R_{id} 表示，即

$$R_{id} = 2r_{be} \qquad (3\text{-}3)$$

从电路的两个输出端看进去的等效电阻称为差模输出电阻，用 R_o 表示，即

$$R_o = 2R_c \qquad (3\text{-}4)$$

④ 单端输出时差模电压放大倍数。

如果输出电压取自其中一管的集电极（u_{c1} 或 u_{c2}），则称为单端输出，电路如图 3.3 所示。由于只取一个管子的集电极电压变化量，所以这时的电压放大倍数只是双端输出时的一半，由交流通路可得

$$A_{ud1} = \frac{u_{o1}}{u_{i1} - u_{i2}} = \frac{u_{o1}}{2u_{i1}} = \frac{1}{2} A_{ud} = -\frac{\beta R_c}{2r_{be}} \qquad (3\text{-}5)$$

输出端接负载 R_L 时，电压放大倍数为

$$A_{ud1} = -\frac{\beta R_L'}{2r_{be}} \qquad (3\text{-}6)$$

其中，$R_L' = R_c // R_L$。如果从 T_2 管集电极输出，则输出与输入同相。

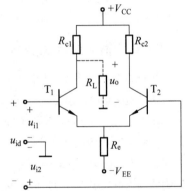

图 3.3 单端输出差分放大电路图

（3）共模输入和共模抑制比。

① 双端输出时共模电压放大倍数。

当基本差分放大电路的两个输入端接入共模信号，即 $u_{i1} = u_{i2} = u_{ic}$ 时，因两管的电流增加量（或减小量）相同，即 $\Delta i_{C1} = \Delta i_{C2}$，$\Delta i_{E1} = \Delta i_{E2}$，所以 $\Delta i_E = 2\Delta i_{E1}$，$\Delta u_{Re} = 2\Delta I_E R_e$，对每管而言，相当于每个射极接上 $2R_e$ 的电阻，其交流通路如图 3.4 所示。由于电路对称，其输出电压 $u_{oc} = u_{oc1} - u_{oc2} \approx 0$，其双端输出的共模电压放大倍数为

$$A_{uc} = \frac{u_{oc}}{u_{ic}} = \frac{u_{oc1} - u_{oc2}}{u_{ic}} = 0 \qquad (3\text{-}7)$$

由于电路参数实际上不可能完全对称，输出端就会存在一个共模输出电压，但这个电压一般很小，所以共模电压放大倍数通常很低。温漂信号和外界随输入信号一起加入的共

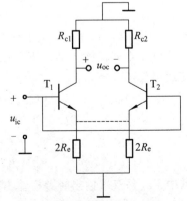

图 3.4 双端输出时共模交流通路

模干扰信号都可以看成是共模信号。所以，共模电压放大倍数越小，放大电路的抑制零漂和抗干扰能力越强。

② 双端输出时共模抑制比。

差分放大电路能够放大差模信号，抑制共模信号。所以差分放大电路的一个重要指标是对共模信号的抑制能力，通常用共模抑制比 K_{CMR} 来表示，其定义为放大电路的差模电压放大倍数与共模电压放大倍数之比的绝对值，即

$$K_{CMR} = \left| \frac{A_{ud}}{A_{uc}} \right| \tag{3-8}$$

K_{CMR} 值越大，表明电路抑制共模信号的能力越强。共模抑制比一般常用分贝（dB）数表示，即

$$K_{CMR} = 20 \lg \left| \frac{A_{ud}}{A_{uc}} \right| dB \tag{3-9}$$

双端输出的基本差分放大电路的共模电压放大倍数在理想情况下（电路完全对称）为零，即 $A_{uc} = 0$，其共模抑制比为无穷大。实际上电路两侧参数不可能一致，集成电路中 K_{CMR} 一般为 $120 \sim 140\ dB$。

③ 单端输出时共模电压放大倍数和共模抑制比。

单端输出时共模交流通路如图 3.5 所示。共模电压放大倍数为

$$A_{uc1} = \frac{u_{oc}}{u_{ic}} \approx -\frac{\beta R'_L}{2(1+\beta)R_e}$$

式中

$$R'_L = R_e /\!/ R_L$$

由于 $\beta \ll 1$，上式可简化为

$$A_{uc1} \approx -\frac{R'_L}{2R_e} \tag{3-10}$$

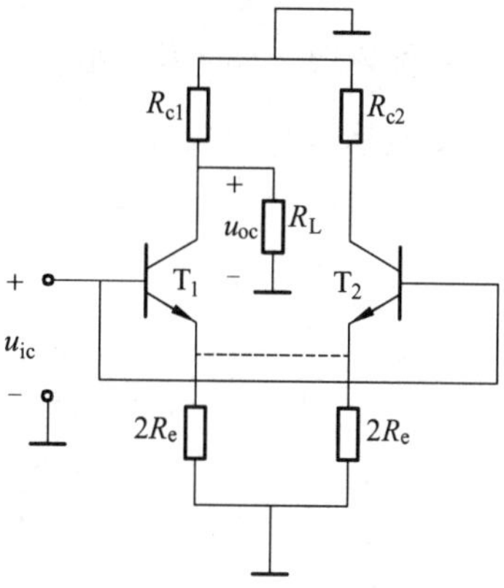

图 3.5 单端输出时共模交流通路

根据式（3-6）和式（3-10），可得到单端输出时共模抑制比的表达式：

$$K_{CMR} = \frac{A_{ud1}}{A_{uc1}} \approx -\frac{\beta R_e}{r_{be}} \tag{3-11}$$

④ 共模输入电阻。

从共模输入的交流通路可以看出，电路的输入电阻为

$$R_{ic} = \frac{u_{ic}}{2i_b} = \frac{1}{2}[r_{be} + (1+\beta)2R_e] \tag{3-12}$$

3.1.2 单端输入的基本差分放大电路

上节分析的是双端输入时的双端与单端输出电路，实际应用中，有时要求放大电路的输入电路有一端接地，即 $u_i = u_{i1}$，$u_{i2} = 0$，如图 3.6 所示，称为单端输入方式。

这时两个输入端的输入信号不等，即$|u_{i1}| \neq |u_{i2}|$。这种情况下，可以采用等效变换，将原有信号分解成差模信号和共模信号。

1. 任意输入信号的分解

当$|u_{i1}| \neq |u_{i2}|$时，可分解出差模输入电压为

$$u_{id} = u_{i1} - u_{i2} \qquad\qquad (3\text{-}13)$$

两输入端的差模输入信号各为

$$\begin{cases} u_{id1} = +\dfrac{1}{2}u_{id} \\[2mm] u_{id2} = -\dfrac{1}{2}u_{id} \end{cases} \qquad\qquad (3\text{-}14)$$

两端共模信号同为

$$u_{ic} = \frac{1}{2}(u_{i1} + u_{i2}) \qquad\qquad (3\text{-}15)$$

当单端输入时，$u_{i1} = u_i$，$u_{i2} = 0$。因此有$u_{id} = u_i$，$u_{id1} = +\dfrac{1}{2}u_i$，$u_{id2} = -\dfrac{1}{2}u_i$，而$u_{ic} = \dfrac{1}{2}u_i$。由此可知单端输入与双端输入的工作情况没有区别。信号分解如图 3.7 所示。

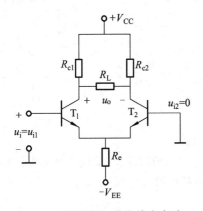

图 3.6　单端输入差分放大电路

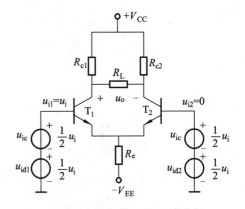

图 3.7　单端输入信号的分解

【例 3.1】 已知单端输入差分放大电路，其输入信号 $u_{i1} = 32$ mV，$u_{i2} = 0$ V，试分解出差模信号和共模信号。

【解】　差模信号为

$$u_{id} = u_{i1} - u_{i2} = 32 \text{ mV} - 0 = 32 \text{ mV}$$

两端差模信号各为

$$u_{id1} = +\frac{1}{2}u_{id} = 16 \text{ mV}, \quad u_{id2} = -\frac{1}{2}u_{id} = -16 \text{ mV}$$

两端共模信号均为

$$u_{ic} = +\frac{1}{2}(u_{i1} + u_{i2}) = \frac{1}{2}(32 \text{ mV} + 0) = +16 \text{ mV}$$

可见综合结果仍为

$$u_{i1} = u_{id1} + u_{ic} = +16 \text{ mV} + 16 \text{ mV} = 32 \text{ mV}$$

$$u_{i2} = u_{id2} + u_{ic} = -16 \text{ mV} + 16 \text{ mV} = 0 \text{ V}$$

2. 单端输入时动态分析

由上述对任意输入信号分解我们完全可以把单端输入差分放大电路作为双端输入等同处理，因而双端输入差分放大电路的分析方法和计算公式完全适用于单端输入差分放大电路，即仅取决于双端输出还是单端输出。这里不再赘述。

【例 3.2】 图 3.8 是一个具有调零电位器的差分放大电路，参数如图所示，晶体管的 $\beta = 50$，$U_{BE1} = U_{BE2} = 0.7$ V。

（1）计算静态工作点 I_{C1}、I_{C2} 和 U_{C1}、U_{C2}；

（2）求差模电压放大倍数、输入电阻、输出电阻；

（3）若是从 T_1 集电极单端输出，负载电阻 R_L 仍为 6 kΩ，求差模电压放大倍数、共模抑制比、输出电阻。

【解】 （1）由于电路两边参数不可能完全对称，在实际电路中，常用调零电位器 R_P（见图 3.8）来消除电路不对称而引起的输入电压为零、输出电压不为零的现象。在分析电路时，假定电位器 R_P 的动触点置于中间位置。静态时，$U_{C1} = U_{C2}$，负载 R_L 上的电流为零，可认为 R_L 开路。该电路的直流通路如图 3.9 所示。由图可得

$$I_{B1} = I_{B2} = \frac{V_{EE} - U_{BE1}}{R_b + (1+\beta)\frac{1}{2}R_P + (1+\beta)2R_e}$$

$$= \frac{6 - 0.7}{1 + (1+50) \times 0.05 + (1+50) \times 6} \text{mA} = 0.017 \text{ mA}$$

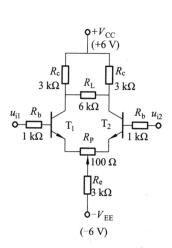

图 3.8 例 3.2 图

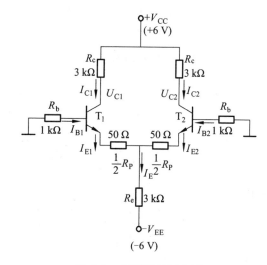

图 3.9 电路的直流通路

$$I_{C1} = I_{C2} = 0.017 \text{ mA} \times 50 = 0.85 \text{ mA} \approx I_{E1} = I_{E2}$$

$$U_{C1} = U_{C2} = V_{CC} - I_C R_C = 6 \text{ V} - 0.085 \text{ mA} \times 3 \text{ k}\Omega = 3.45 \text{ V}$$

（2） $r_{be} = 300 \ \Omega + (1+\beta)\dfrac{26 \text{ mV}}{I_{E1}} = 300 \ \Omega + (1+50)\dfrac{26 \text{ mV}}{0.085 \text{ mA}} = 1.86 \text{ k}\Omega$

输入差模信号时，负载 R_L 的中点为地电位，双端输出差模电压放大倍数为

$$A_{ud} = -\frac{\beta R_L'}{R_b + r_{be} + (1+\beta)\dfrac{1}{2}R_P}$$

$$= -\frac{50 \times \left(\dfrac{3 \times 3}{3 + 3}\right)}{1 + 1.86 + (1+50) \times 0.05} = -\frac{5 \times 1.5}{5.41} \approx -1.4$$

输入电阻

$$R_{id} = 2[R_b + r_{be} + (1+\beta)\frac{1}{2}R_P] = 2 \times 5.41 \text{ k}\Omega = 10.82 \text{ k}\Omega$$

输出电阻

$$R_o = 2R_c = 6 \text{ k}\Omega$$

（3）单端输出时，

$$R_L' = R_c /\!/ R_L = \frac{3 \times 6}{3 + 6} \text{k}\Omega = 2 \text{ k}\Omega$$

差模放大倍数

$$A_{ud1} = -\frac{1}{2} \times \frac{\beta R_L'}{R_b + r_{be} + (1+\beta)\dfrac{1}{2}R_P}$$

$$= -\frac{1}{2} \times \frac{50 \times 2}{1 + 1.86 + (1+50) \times 0.05} \approx -9.3$$

单端输出时的共模电压放大倍数为

$$A_{uc1} = -\frac{\beta R_L'}{R_b + r_{be} + (1+\beta)\left(\dfrac{1}{2}R_P + R_e\right)}$$

$$= -\frac{50 \times 2}{1 + 1.86 + (1+50)(0.05 + 6)} = -0.32$$

共模抑制比

$$K_{CMR1} = \left|\frac{A_{ud1}}{A_{uc1}}\right| = \left|\frac{-9.3}{-0.32}\right| = 29$$

输出电阻

$$R_o = R_c = 3 \text{ k}\Omega$$

3.2 恒流源

3.2.1 差分放大电路中恒流源的作用

    对于单端输出的差分放大电路，从公式（3-11）看出，要提高共模抑制比，应当提高 R_e 的数值。而集成电路中不易制作大阻值的电阻，若静态工作状态不变，加大 R_e，还会增加其直流压降，这就需要相应提高电源 V_{EE} 的数值，而采用过高的电源是不现实的。采用恒流源来代替电阻 R_e 可以解决这些矛盾。图 3.10（a）所示的电路就是一个具有恒流源的差放电路，将恒流源简化（又称电流源），其电路由图 3.10（b）所示。从恒流源的特性可知，它的交流等效电阻很大而直流压降却不大。这样可大大提高共模抑制比，恒流源在集成电路中被广泛应用。

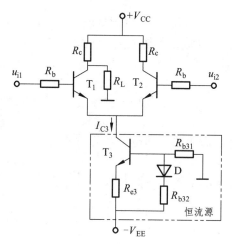

（a）带恒流源的差放电路

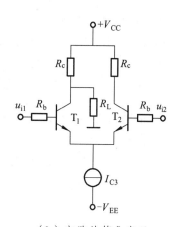

（b）电路的简化表示

图 3.10　具有恒流源的差分放大电路

图 3.10（a）中，设 $u_{BE3} = U_D$，则

$$I_{C3} \approx \frac{U_{R_{e3}}}{R_{e3}} = \frac{U_{R_{b32}}}{R_{e3}} = \frac{R_{b32}}{R_{e3}(R_{b31} + R_{b32})}(V_{EE} - U_D)$$

$$I_{C1} = I_{C2} \approx \frac{1}{2} I_{C3}$$

差模电压放大倍数、输入电阻、输出电阻的计算和 3.1.1 所述相同。

3.2.2 集成运放中的电流源

1. 镜像电流源

    镜像电流源电路如图 3.11 所示。设 T_1、T_2 的参数完全相同，即 $U_{BE1} = U_{BE2} = U_{BE}$，$\beta_1 = \beta_2 = \beta$，$I_{C1} = I_{C2}$。故

$$I_{B1} = I_{B2} = I_B$$

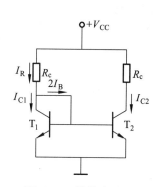

图 3.11　镜像电流源

$$I_{C1} = I_{C2} = I_R - 2I_B = I_R - \frac{2I_{C2}}{\beta}$$

所以　　　　　　　$I_{C2} = \dfrac{I_R}{1 + 2/\beta}$　　　　　　　　（3-16）

当 β 较大时，基极电流 I_B 可以忽略，所以 T_2 的集电极电流 I_{C2} 近似等于基准电流 I_R，即

$$I_{C2} \approx I_R = \frac{V_{CC} - U_{BE}}{R} \approx \frac{V_{CC}}{R}$$

由上式看出，当 V_{CC} 和 R 确定后，I_R 就确定了，I_{C2} 随之而定，近似等于 I_R，其关系如同镜像，故称为镜像电流源。

2. 微电流源

从式（3-16）看到，要想获得小电流，就要增大 R 的阻值，由于集成电路中的电阻是用半导体电阻组成的，其阻值只能在几十欧到 20 kΩ，因此 R 不能太大，为此在 T_2 的射极电路接入电阻 R_{e2}，如图 3.12 所示。由图可知 $U_{BE2} < U_{BE1}$，故有

$$I_{C2} \approx I_{E2} = \frac{U_{BE1} - U_{BE2}}{R_{e2}} = \frac{\Delta U_{BE}}{R_{e2}} \qquad （3-17）$$

由于 ΔU_{BE} 的数值很小，用阻值不大的 R_{e2} 即可获得微小的工作电流，故称为微电流源。

微电流源在模拟集成电路中还可代替放大电路中集电极电阻 R_c 作为有源负载，可明显提高电压增益。

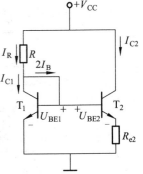

图 3.12　微电流源

3.3　集 成 运 算 放 大 电 路

3.3.1　基本结构及其特点

1. 集成运放的基本结构

集成运算放大器是模拟电子电路中最重要的器件之一，近几年来得到了迅速发展，有不同类型、不同结构的集成运放，但基本结构具有共同之处。集成运放内部电路一般由 4 部分组成，如图 3.13 所示。

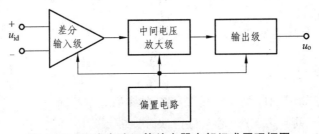

图 3.13　集成电路运算放大器内部组成原理框图

（1）输入级。

对于高增益的直接耦合放大电路，减小零点漂移的关键在第一级，所以要求输入级温漂小、共模抑制比高。因此，运放的输入级都是由具有恒流源的差分放大电路组成，并且通常工作在低电流状态，以获得较高的输入阻抗。

（2）中间电压放大级。

运算放大器的总增益主要是由中间级提供的，因此，要求中间级有较高的电压放大倍数。中间级一般采用带有恒流源负载的共射放大电路，其放大倍数可达几千倍以上。

（3）输出级。

输出级应具有较大的电压输出幅度、较高的输出功率与较低的输出电阻等特点，并有过载保护。一般采用准互补输出级。

（4）偏置电路。

偏置电路为各级电路提供合适的静态工作电流，它由各种电流源电路组成。

2. 通用型集成运算放大器 F007

（1）F007 内部电路。

F007 集成运放是应用较广泛的一种通用型集成运算放大器，其内部电路如图 3.14 所示。下面简单介绍电路的组成和各部分电路的功能与作用。

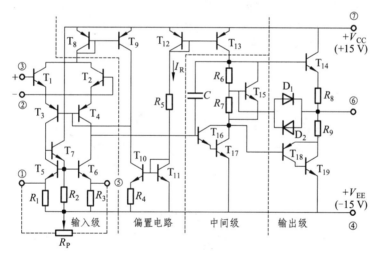

图 3.14　F007 内部电路图

① 偏置电路。

集成运放中的偏置电路通常采用镜像电流源或微电流源电路。F007 的偏置电路由 $T_8 \sim T_{13}$ 6 个管子以及 R_4、R_5 等元器件组成。T_8 和 T_9、T_{12} 和 T_{13} 均为镜像关系，T_{10}、T_{11} 和 R_4 组成微电流源。它们给各级放大器提供偏置电流。

② 输入级。

输入级由 $T_1 \sim T_4$ 组成共集-共基组态的差分放大电路。T_1、T_2 组成的共集电极电路可以提高输入阻抗，T_3、T_4 组成的共基极电路和 T_5、T_6、T_7 组成的有源负载，有利于提高输入级的电压增益，并可改善频率响应。

用瞬时极性法分析，可以知道输出电压与输入电压之间的相位关系。当在电路中的③端输入信号为正极性时，输出电压也为正极性，由于输出与输入信号极性相同，故称③端为同相输入端；当②端输入信号为正极性时，输出电压极性为负，输出与输入信号极性相反，故称②端为反相输入端。

③ 中间级。

这一级由 T_{16}、T_{17} 组成复合管共发射极放大电路。由两个 NPN 型三极管组成的 NPN 型复合管。它的电流放大倍数为

$$\beta = \frac{i_C}{i_B} = \frac{i_{C16} + i_{C17}}{i_{B16}} = \beta_{16} + (1 + \beta_{16})\beta_{17} \approx \beta_{16}\beta_{17}$$

由上式可见，复合管的等效电流放大系数的 β 值很高。T_{12}、T_{13} 组成的镜像电流源作为该复合管的集电极有源负载，使本级有很高的电压增益。电容 C 用以消除自激振荡。

④ 输出级。

输出级是由 T_{14}、T_{18} 和 T_{19} 组成的互补对称电路。其中，T_{18}、T_{19} 构成 PNP 型复合管，由于集成运放输出级要求动态范围大、输出功率大，一般都采用互补对称电路。T_{15}、R_6、R_7 是 T_{14}、T_{18} 和 T_{19} 的静态偏置电路，使输出级电路工作于甲乙类放大状态。D_1 和 D_2 是过流保护元件，对电路的过载起保护作用。

（2）封装形式、符号及引脚功能。

目前，集成运放常见的两种封装方式是金属壳封装和双列直插式塑料封装，其外形如图 3.15 所示。金属壳封装有 8、10、12 引脚等种类，双列直插式塑料封装有 8、10、12、14、16 引脚等种类。

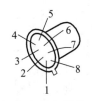 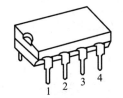

（a）金属壳封装   （b）双列直插式塑料封装

图 3.15 集成运放的两种封装

图 3.16 为 LM324 四运算放大器的引脚图。

金属封装器件是以管键为辨认标志，由器件顶上向下看，管键朝向自己。管键右方第一根引线为引脚 1，然后逆时针围绕器件，依次数出其余各引脚。双列直插式器件，是以缺口作为辨认标记（有的产品是以商标方向来标记的）。由器件顶上向下看，标记朝向自己，标记右方第一根引线为引脚 1，然后逆时针围绕器件，可依次数出其余各引脚。

集成运放符号用图 3.17（a）、（b）简化表示。而在手册中各厂生产的集成运放均列有各引脚功能。图（c）所示的 F007，引脚 7、4 各接电源 $+V_{CC}$ 和 $-V_{EE}$，而引脚 3 和 2 的框内 $+$、$-$ 号分别表示同相输入端和反相输入端，引脚 6 为输出端，引脚 1、5 外接调零电位器。在以后所有采用集成运放的电路中，均采用图（a）或（b）

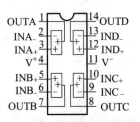

图 3.16 LM324 四运算放大器引脚图

的简化符号表示，而省略电源端子以及其他功能端的表示。

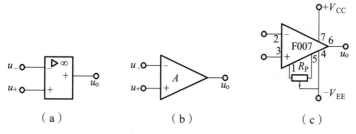

图 3.17 集成运放

其中图 3.17（a）为国际标准符号；图 3.17（b）为习惯通用画法符号；图 3.17（c）为 F007 运放主要引脚。集成运放根据主要参数性能特点，可分成各种专用类型。

3.3.2 集成运放的一些特殊参数

（1）输入失调电压 U_{IO} 及其温度系数（简称温漂）。当输入电压为零，输出电压不为零，这时可人为地在输入端外加一个补偿电压使输出电压为零，这个补偿电压称为输入失调电压。这是由于器件内差分级电路参数不对称引起的，一般为 1～10 mV。而 U_{IO} 也会随温度和时间变化，其温度平均变化率称为失调电压温漂，用 $\Delta U_{IO}/\Delta T$ 表示，单位为 μV/°C。

（2）输入失调电流 I_{IO} 及其温漂。当输入信号为零时，两输入端静态电流之差称为输入失调电流 I_{IO}，即 $I_{IO} = |I_{B1} - I_{B2}|$。这是差分输入级两个晶体管 β 失调引起的，一般为几个纳安（nA）。I_I 随温度的平均变化率称为电流温漂，用 $\Delta I_{IO}/\Delta T$ 表示。

（3）输入偏置电流 I_{IB}。它是指两个输入端静态电流的平均值，即 $I_{IB} = = \frac{1}{2}(I_{B1} + I_{B2})$。一般 I_{IB} 越小，则 I_{IO} 也小，输入电阻越高。

（4）开环差模增益 A_{uo}。当集成运放工作于开环状态，即指输出端与输入端之间不存在反馈，在线性区工作的差模电压增益，$A_{uo} = \dfrac{\Delta U_{Od}}{\Delta U_{Id}}$，一般用 $20\lg|A_{uo}|$dB 表示，可高达 140 dB（即 10^7 倍）。例如，要达到最大输出为 ±10 V 时，开环输入差模电压 ΔU_{Id} 仅需 1 μV。

（5）转换速率 S_R。它是指集成运放工作在闭环状态下，输入阶跃信号，而输出信号不是阶跃信号，是随时间有一个逐步变化的过程。用每微秒内电压变化程度表示转换速率 S_R，高速型可达 1 000 V/μs，普通型仅 0.5 V/μS。S_R 低，输出波形易失真。

3.4 集成运放的基本电路

3.4.1 理想集成运算放大电路

1. 理想集成运放

把具有理想参数的集成运算放大器称为理想集成运放。它的主要特点如下：

（1）开环差模电压放大倍数 $A_{uo} \rightarrow \infty$。

（2）输入阻抗 $R_{id} \to \infty$。

（3）输出阻抗 $R_o \to 0$。

（4）共模抑制比 $K_{CMR} \to \infty$。

（5）器件的频带为无限宽，没有失调现象等。

2. 集成运放的传输特性

（1）传输特性。

集成运放是一个直接耦合的多级放大器，它的传输特性如图 3.18 中的曲线①。图中 BC 段为集成运放工作的线性区，AB 和 CD 段为集成运放工作的非线性区（即饱和区）。由于集成运放的电压放大倍数极高，BC 段十分接近纵轴。在理想情况下，认为 BC 段与纵轴重合，所以它的理想传输特性可以由图中曲线②表示，则 $B'C'$ 段表示集成运放工作在线性区，AB' 和 $C'D$ 段表示运放工作在非线性区。

（2）工作在线性区的集成运放。

当集成运放电路的反相输入端和输出端有通路时（称为负反馈），如图 3.19 所示，一般情况下，可以认为集成运放工作在线性区。由图 3.18 曲线②可知，这种情况下，理想集成运放具有两个重要特点：

① 由于理想集成运放 $A_{uo} \to \infty$，故可以认为两个输入端之间的差模电压近似为零，即 $u_{id} = u_- - u_+ \approx 0$，$u_- = u_+$，而 u_O 具有一定值。由于两个输入端间的电压近似为零，而又不是短路，故称为"虚短"。

② 由于理想集成运放的输入电阻 $R_{id} \to \infty$，故可以认为两个输入端之间没有电流，即 $i_- = i_+ \approx 0$，这样，输入端相当于断路，而又不是断开，称为"虚断"。

利用集成运放工作在线性区时的两个特点，分析各种运算与处理电路的线性工作情况将十分简便。

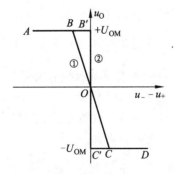

图 3.18　运放传输特性

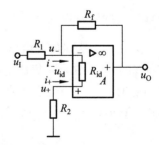

图 3.19　带有负反馈的运放电路

另外，由于理想集成运放输出阻抗 $R_o \to 0$，一般可以不考虑负载或级联时后级运放的输入电阻对输出电压 u_O 的影响，但受运放输出电流限制，负载电阻不能太小，更不能短路。

（3）工作在非线性区的集成运放。

集成运放处于开环状态或运放的同相输入端和输出端有通路时（称为正反馈），如图 3.20 和图 3.21 所示，这时集成运放工作在非线性区。它具有如下特点：

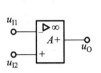

图 3.20 运放开环状态

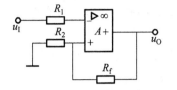

图 3.21 带有正反馈的运放电路

对于理想集成运放而言，当反相输入端 u_- 与同相输入端 u_+ 不等时，输出电压是一个恒定的值，极性可正或负，即

$$u_- > u_+，\quad u_O = -U_{OM}$$
$$u_- < u_+，\quad u_O = +U_{OM}$$

其中，U_{OM} 是集成运放输出电压最大值，其工作特性如图 3.18 中 AB' 和 $C'D$ 段所示。

3.4.2 基本运算电路

由集成运放和外接电阻及电容构成比例、加减、积分和微分的运算电路称为基本运算电路。

这时集成运放工作在线性工作范围。在分析这些电路的输出与输入的运算关系或电压放大倍数时，将集成运放看成理想运放，因此可根据"虚短"和"虚断"的特点来进行分析，较为简便。

1. 比例运算电路

（1）反相比例运算电路。

图 3.22 是反相比例运算电路。输入信号从反相输入端输入，同相输入端通过电阻接地。根据"虚短"和"虚断"的特点，即 $u_- = u_+$，$i_- = i_+ = 0$，可得 $u_+ = 0$，故 $u_- = 0$。这表明，运放反相输入端与地端等电位（称为"虚地"），但又不是真正接地，因此，$i_I = \dfrac{u_1}{R_1}$，$i_F = \dfrac{u_- - u_O}{R_f} = \dfrac{-u_O}{R_f}$。又因 $i_- = 0$，故 $i_I = i_F$，则可得

$$u_O = -\frac{R_f}{R_1} u_1 \tag{3-18}$$

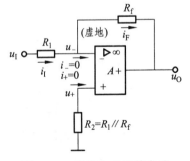

图 3.22 反相比例运算电路

式（3-18）表明，u_O 与 u_1 符合比例关系，式中负号表示输出电压与输入电压的相位（或极性）相反。电压放大倍数为

$$A_{uf} = \frac{u_O}{u_1} = -\frac{R_f}{R_1}$$

$$u_1 = -\frac{R_f}{R_1} \tag{3-19}$$

改变 R_f 和 R_1 的比值，即可改变其放大倍数。

图 3.22 中运放的同相输入端接有电阻 R_2，参数选择应使两输入端外接直流通路等效电阻值平衡，即 $R_2 = R_1 // R_f$，静态时使输入级偏置电流平衡并让输入级的偏置电流在运算放大器两个输入端的外接电阻上产生相等的压降，以便消除放大器的偏置电流及其漂移的影响，故 R_2 又称平衡电阻。

（2）同相比例运算电路。

如果输入信号从同相输入端输入，而反相输入端通过电阻接地，并引入负反馈，如图 3.23 所示，称为同相比例运算电路。

由虚短、虚断性质可知

$$u_- = \frac{R_1}{R_1 + R_f} u_O = u_+ = u_I$$

即

$$u_O = \left(1 + \frac{R_f}{R_1}\right) u_I \tag{3-20}$$

则电压放大倍数

$$A_{uf} = \frac{u_O}{u_I} = 1 + \frac{R_f}{R_1} \tag{3-21}$$

式（3-20）表明，该电路与反相比例运算电路一样，u_O 与 u_I 也符合比例关系。所不同的是，输出电压与输入电压相位（或极性）相同。

在图 3.23 中，若去掉 R_1，如图 3.24 所示，这时

$$u_O = u_- = u_+ = u_I$$

这表明 u_O 与 u_I 大小相等，相位相同，起到电压跟随作用，故该电路称电压跟随器。其电压放大倍数

$$A_{uf} = \frac{u_O}{u_I} \approx 1 \tag{3-22}$$

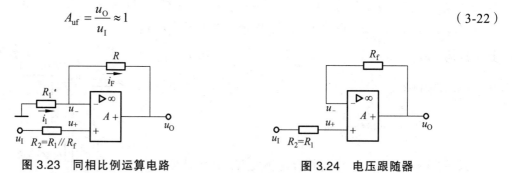

图 3.23　同相比例运算电路　　　　　　图 3.24　电压跟随器

2. 加减运算电路

（1）加法电路。

图 3.25 是对两个输入信号求和电路，信号由反相输入端引入，同相端通过一个电阻接地。前已指出，反相比例电路的反相输入端为"虚地"，根据"虚地"和"虚断"概念，由图 3.25 电路可得

$$i_1 + i_2 = i_F$$

即
$$\frac{u_{I1}}{R_1} + \frac{u_{I2}}{R_2} = \frac{0 - u_O}{R_f}$$

因此，电路的输入与输出关系为

$$u_O = -R_f\left(\frac{u_{I1}}{R_1} + \frac{u_{I2}}{R_2}\right) \qquad (3\text{-}23)$$

当 $R_1 = R_2 = R$ 时，则

$$u_O = -\frac{R_f}{R}(u_{I1} + u_{I2}) \qquad (3\text{-}24)$$

（2）减法运算电路。

运放电路的反相输入端和同相输入端分别加入信号 u_{I1} 和 u_{I2}，如图 3.26 所示。这种输入方式的电路称为"差分运算电路"。

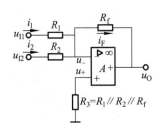

图 3.25　加法电路

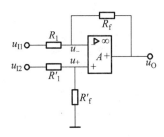

图 3.26　减法电路

用叠加原理，并根据式（3-18）和式（3-21），得

$$u_O = \left(1 + \frac{R_f}{R_1}\right)u_+ - \frac{R_f}{R_1}u_{I1}$$

其中，$u_+ = \dfrac{R_f'}{R_1' + R_f'} \cdot u_{I2}$，则输出电压为

$$u_O = \frac{R_1 + R_f}{R_1} \cdot \frac{R_f'}{R_1' + R_f'} \cdot u_{I2} - \frac{R_f}{R_1} \cdot u_{I1} \qquad (3\text{-}25)$$

如果 $R_1 = R_1'$，$R_f = R_f'$，可以证明输出电压为

$$u_O = \frac{R_f}{R_1}(u_{I2} - u_{I1}) \qquad (3\text{-}26)$$

式（3-26）表明，适当选择电阻参数，使输出电压与两个输入电压的差值成比例，故差值放大电路也称为减法运算电路。

【例 3.3】　写出图 3.27 所示二级运算电路的输入、输出关系。

【解】　在图 3.27 中，A_1 组成同相比例运算电路，故

$$u_{O1} = \left(1 + \frac{R_2}{R_1}\right)u_{I1}$$

由于理想运放输出阻抗 $R_o = 0$，故前级输出电压 u_{O1} 即为后级输入信号，故由 A_2 组成差分放大电路的两个输入信号分别为 u_{O1} 和 u_{I2}。由叠加原理，输出电压 u_O 为

$$u_O = -\frac{R_1}{R_2}u_{O1} + \left(1 + \frac{R_1}{R_2}\right)u_{I2}$$

$$= -\frac{R_1}{R_2}\left(1 + \frac{R_2}{R_1}\right)u_{I1} + \left(1 + \frac{R_1}{R_2}\right)u_{I2}$$

$$= \left(1 + \frac{R_1}{R_2}\right)(u_{I2} - u_{I1})$$

上式表明，图 3.27 电路也是一个减法电路。

3. 积分与微分电路

（1）积分电路。

① 基本积分电路。

基本积分电路如图 3.28 所示。

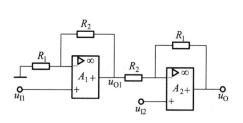

图 3.27　例 3.3 图

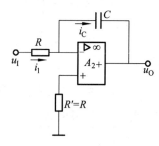

图 3.28　基本积分电路

因为 $i_- = i_+ = 0$，故 $u_- = u_+ = 0$，流过电阻 R 的电流和流过电容 C 的电流可认为相等，即 $i_C = i_1 = \dfrac{u_I}{R}$。该电流对电容进行充电，电容两端电压即为输出电压，故

$$u_O = -\frac{1}{C}\int_{t_0}^{t} i_C dt + u_C\big|_{t_0} = -\frac{1}{RC}\int_{t_0}^{t} u_I dt + u_I\big|_{t_0} \tag{3-27}$$

其中，$u_C|_{t_0}$ 是 t_0 时刻电容两端的电压，即初始值。

当输入信号 u_I 为图 3.29（a）所示的阶跃电压时，这时输出为

$$u_O = \frac{u_I}{RC}t + u_C\big|_{t_0} \tag{3-28a}$$

若 $t_0 = 0$ 时刻（即初始值），电容两端的电压为零，则输出为

$$u_O = -\frac{u_I}{RC}t = -\frac{u_I}{\tau}t \tag{3-28b}$$

其中，$\tau = RC$ 为积分时间常数。当 $t = \tau$ 时，$u_O = -U_I$，这时 t 记为 t_1。当 $t > t_1$，u_O 值再增大，直到 $u_O = -U_{OM}$，这时运放进入饱和状态，积分作用停止，u_O 保持不变。如果此时去掉信号，

即 $U_I = 0$，而 $u_- = 0$，电阻两端等电位无电流，因而电容无放电回路，输出 u_O 将维持在 $-U_{OM}$ 值。如图 3.29（b）所示。只有当外加 u_I 变为负值时，电容将反向充电，输出电压从 $-U_{OM}$ 值开始增加。

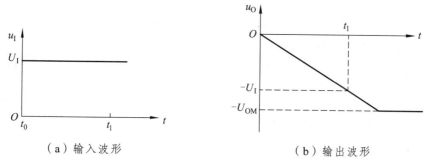

（a）输入波形　　　　　　　　（b）输出波形

图 3.29　基本积分电路阶跃响应

　　实际的积分器的特性不可能与理想特性完全一致，其误差来源很多，如运放的有限的开环放大倍数、输入阻抗不为无穷大及失调电压、电流不为零等，使输入信号为零时，仍会产生缓慢变化的输出电压，这种现象称为积分漂移现象。

　　② 克服积分漂移的积分电路。

　　为了克服积分漂移现象，可在积分电容 C 上并联一个电阻 R_2，如图 3.30 所示。由于电阻 R_2 的负反馈作用，可以有效抑制积分漂移现象，但 R_2C 的时间常数应远大于积分时间 t，否则也会造成较大的积分误差。

　　③ 积分电路的应用。

　　运放积分电路应用很广，除了积分运算外，还可用于方波-三角波变换电路、示波器显示和扫描电路、模/数转换电路和波形发生器等。如图 3.31 所示，输入为方波，输出为三角波。

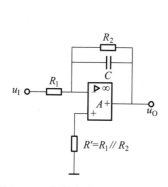

图 3.30　克服积分漂移的积分电路

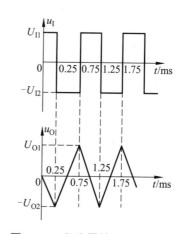

图 3.31　积分器输入、输出波形

（2）微分电路。

　　① 基本微分电路。

　　将积分电路中电阻和电容元件位置对换，便构成基本微分电路。如图 3.32 所示。

由于 $u_- = u_+ = 0$，$i_C = i_R$，则 $C\dfrac{\mathrm{d}u_1}{\mathrm{d}t} = -\dfrac{u_O}{R}$，输出电压为

$$u_O = -i_R R = -RC\frac{\mathrm{d}u_1}{\mathrm{d}t} \tag{3-29}$$

式（3-29）表明，输出电压 u_O 与输入电压 u_1 的微分成正比。

当微分电路输入如图 3.33 所示的阶跃信号 u_1 时，其输出端在 u_1 发生突变，将出现尖脉冲电压。尖脉冲的幅度与 R_C 的大小和 u_1 的变化率有关，但最大值受运放输出饱和电压 $+U_{OM}$ 和 $-U_{OM}$ 的限制。当 u_1 不变时，$\dfrac{\mathrm{d}u_1}{\mathrm{d}t} = 0$，故输出为零，并维持不变。

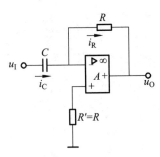

图 3.32　基本微分电路

② 实用微分电路。

由于基本微分电路的输出电压与输入电压的变化率成正比，因此输出电压对输入信号的变化十分敏感，尤其是对高频干扰和噪声信号，电路的抗干扰性能较差。为此，常采用图 3.34 所示的实用微分电路，电路中增加 R_2 和 C_2。在正常工作频率范围内，$R_2 \ll \dfrac{1}{\omega C_1}$，$\dfrac{1}{\omega C_2} \gg R_1$，图 3.34 变为基本微分电路。而在高频情况下，上述关系不再存在，高频时电压放大倍数下降，从而抑制了干扰。

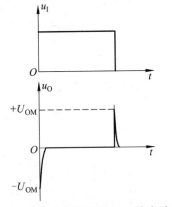

图 3.33　微分电路的输入、输出波形

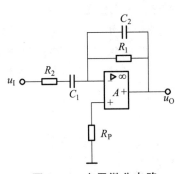

图 3.34　实用微分电路

【例 3.4】　在图 3.35 所示的电路中，① 写出输入与输出关系；② 若 $u_1 = +1\,\text{V}$，电容器两端初始电压 $u_C = 0$。求输出电压 u_O 变为 $0\,\text{V}$ 所需要的时间。

【解】　① 由图 3.35 可见，图中 A_1 为积分器，A_2 为反相加法器，u_1 经 A_1 反相积分后再与 u_1 通过 A_2 进行求和运算。由图可得

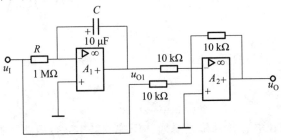

图 3.35　例 3.4 图

$$u_{O1} = -\frac{1}{RC}\int_{t_0}^{t_1} u_I \mathrm{d}t + u_C\big|_{t_0} = 0$$

$$u_O = -u_{O1} - u_I$$

② 因 $u_C\big|_{t_0} = 0$，$u_I = +1\ \mathrm{V}$，则

$$u_O = \frac{u_I}{RC}t_1 - u_I = 0$$

故 $\qquad t_1 = RC = 1 \times 10^6\,\Omega \times 10 \times 10^{-6}\mathrm{F} = 10\ \mathrm{s}$

本章小结

集成运算放大器是一种高放大倍数、高输入电阻、低输出电阻的直接耦合放大电路，是模拟电子电路中最重要的器件之一。

本章重点介绍了：

（1）差分放大电路。

差分放大电路是集成运放的基本组成单元。利用差分放大电路可以克服直接耦合放大器的零点漂移问题。

抑制零点漂移的原理：当放大电路输入端短路时，输出端仍有缓慢变化的电压产生，这个输出电压称为漂移电压，这种现象称为零点漂移。

差分电路利用两个特性相同的三极管互相补偿，从而抑制了零漂。当然，在实际情况下，两管特性不可能完全对称，但是输出漂移电压将大大减小。由于差分放大电路有抑制零漂的作用，所以这种电路特别适用于作为多级直接耦合放大电路的输入级，它在模拟集成电路中被广泛使用。差分放大电路有双端输入和单端输入两种输入形式。

（2）恒流源。

在差分放大电路中采用恒流源可以大大地提高共模抑制比，所以恒流源电路在集成电路中广泛应用。恒流源分为镜像电流源和微电流源。

（3）集成运算放大器。

集成运算放大器主要由输入级、中间电压放大器、输出级和偏置电路4部分组成。并以通用型集成运算放大器F007为例介绍了其内部电路、集成运算放大器的运用和参数。

（4）理想集成运放及其传输特性。

理想集成运算放大器的主要特点和传输特性内容要求：

基本差分放大电路结构及性能特点、差模信号和共模信号含义及其分解方法、共模抑制比含义；理想集成运放条件及其"虚短""虚断""虚地"概念；线性和非线性工作区特点、运放电路直流平衡电阻配置；集成运放中恒流源的作用。

会画出：集成运放反相及同相比例、加法及减法、积分及微分等运算电路结构形式。

会计算：基本差分放大电路的差模电压放大倍数、上述所要求画出的运放电路的输出电压。

思考与练习题

3.1 什么叫差模信号？什么叫共模信号？如果差分放大电路的两个输入端输入信号分别为 1.1 V 和 1 V，试问：差模信号、共模信号各为多少？

3.2 什么是共模抑制比？双端输出与单端输出差分放大电路的抑制零点漂移能力哪个强？并分别说明其抑制零漂的机理。

3.3 图 3.36 所示电路中，参数如图所示，$\beta_1 = \beta_2 = 100$，$U_{EE1} = U_{EE2} = 0.7$ V。

（1）计算静态时的 I_{C1}、I_{C2}、U_{C1} 和 U_{C2}。

（2）求双端输出时的 A_{ud}、R_{id} 和 R_o。

（3）求单端输出时的 A_{uc1}、R_{ic} 和共模抑制比 K_{CMR}（由 T_1 管输出）。

3.4 由差分放大电路组成的简单电压表，如图 3.37 所示。在输出端所接电流表满偏转电流为 100 μA，电表支路的总电阻为 2 kΩ，两管的 β 均为 50，试计算：

（1）每管的静态电流 I_B 和 I_C 各是多少？

（2）为使电表指示达满偏电流，需要加多大的输入电压？

（3）如果输入电压 u_I 的幅度增大到 2 V，试分析这时两个管子的工作情况，并估计流过电流表的电流大概为多少？

（4）若将 R_e 由 5.1 kΩ 增大到 100 kΩ，其他元件参数不变，是否能满足电流表满偏的要求？

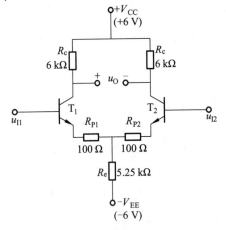

图 3.36 题图 3.3

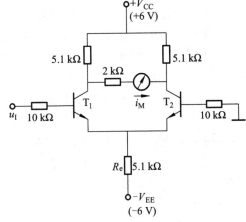

图 3.37 题图 3.4

3.5 图 3.38 所示电路中的差分放大管的 β 均为 60，r_{be} 均为 10 kΩ，静态电流 $I_{E1} = I_{E2} = 150$ μA。

（1）如果 $I_{E3} = I_{E4}$，求 R_2 的数值。

（2）求差模放大倍数和差模输入电阻。

（3）用电压表测得输出端电压 U_O 为 4 V 时，试求这时的输入信号 U_I 为多少？

3.6 试列表比较双端输入/双端输出、双端输入/单端输出、单端输入/双端输出、单端输入/单端输出 4 种形式的差分放大电

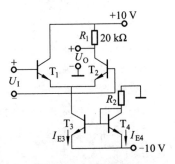

图 3.38 题图 3.5

路的差模放大倍数、共模放大倍数、共模抑制比及输入、输出阻抗。

3.7　理想运算放大器有哪些特点？为什么在分析运放电路时，通常将运算放大器看作理想运算放大器？

3.8　理想运放工作在线性区和非线性区时各有什么特点？什么是"虚短""虚断"和"虚地"？

3.9　图 3.39 所示电路中，求下列情况下 u_O 和 u_I 的关系式。

（1）S_1 和 S_3 闭合，S_2 断开时，u_O 为多大？

（2）S_1 和 S_2 闭合，S_3 断开时，u_O 为多大？

（3）S_2 闭合，S_1 和 S_3 断开时，u_O 为多大？

（4）若 S_1、S_2、S_3 都闭合时，u_O 为多大？

3.10　图 3.40 所示电路中，如果 $R_2 = 2R_1$，$R_3 = 5R_4$，$u_{I2} = 4u_{I1}$，求电路输出电压 u_O。

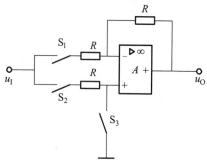

图 3.39　题图 3.9

3.11　用集成运放和普通电压表组成的欧姆表，其电路如图 3.41 所示，电压表满量程为 2 V，R_M 是它的等效电阻，被测电阻 R_X 跨接在 MN 之间。

（1）试证明 R_X 与 u_O 正比。

（2）计算当 R_X 的测量范围为 $0 \sim 10\ k\Omega$ 时，R_1 为多大？

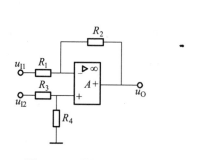

图 3.40　题图 3.10

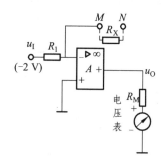

图 3.41　题图 3.11

3.12　利用运放的"电压-电流"转换作用，可制成高输入电阻的直流毫伏表，如图 3.42 所示。已知 $R = 1\ k\Omega$，μA 表的满量程为 $100\ \mu A$，内阻 $R_M = 7.5\ k\Omega$，试求微安表满刻度偏转时，对应的被测电压 $U_{I\,max}$ 为多大？

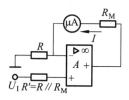

图 3.42　题图 3.12

3.13　分别按下列要求各设计一个比例放大电路（要求画出电路，并标出各电阻值）。

（1）电压放大倍数等于 -5，输入电阻为 $20\ k\Omega$。

（2）电压放大倍数等于 $+5$，且当 $u_I = 0.75\ V$ 时，反馈电阻 R_I 中的电流等于 $0.1\ mA$。

3.14　由运放组成的三极管β测量电路，如图 3.43 所示。

（1）标出 e、b、c 各点电压的数值。

（2）若电压表读数为 200 mV，试求被测三极管的β值。

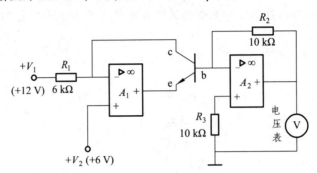

图 3.43　题图 3.14

3.15　图 3.44 为由理想运放组成的运算电路，设 $t = 0$ 时，电容上电压 $u_C = 1$ V，极性如图所示。

（1）试计算 u_{O1} 和 u_{O2} 各为多大？

（2）试求经过 2 s 时，此时输出电压 u_O 为多大？

（3）试配置平衡电阻 R_{P1}、R_{P2} 和 R_{P3} 的阻值。

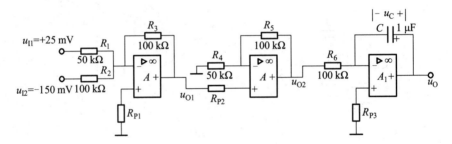

图 3.44　题图 3.15

3.16　图 3.45 所示电路中，电阻 $R_1 = R_2 = R_4 = 10$ kΩ，$R_3 = R_5 = 20$ kΩ，$R_6 = 100$ kΩ，试求它的输出电压与输入电压之间的关系式。

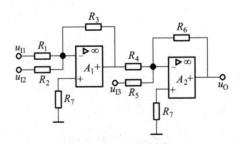

图 3.45　题图 3.16

实训六　集成电路的识别和检测

一、实训目的

（1）熟悉集成电路的分类、用途以及参数识别的方法。

（2）掌握用万用表检测集成电路的方法。

二、实训器材

尖嘴钳、镊子、万用表、斜口钳、相关元器件手册、印制电路板、各种结构形式的集成电路若干。

三、实训内容

（1）根据所给集成电路的型号，判别出集成电路的作用。

（2）说出所给集成电路的封装形式，并正确识别出集成电路的引脚号，尤其是第一引脚。

（3）测量集成块的好坏。

四、基础知识

（1）外形特征。

① 集成电路外形如实训图 6.1 所示。

实训图 6.1　集成电路外形

② 电路符号。

（2）技术参数。

① 主要技术参数。

包括静态工作电流、增益、最大输出功率。

② 极限参数。

包括电源电压、功耗、工作环境温度、存储温度。

（3）集成电路型号及含义。

国标规定的集成电路的型号由 5 部分组成，如实训表 6.1 所示。

实训表 6.1　国产集成电路信号组成

第 1 部分		第 2 部分		第 3 部分	第 4 部分		第 5 部分	
字母	含义	字母	含义		字母	含义	字母	含义
C	中国制造	B	非线性电路	用数字表示电力系列和代号（一般为四位）	C	0～+70 ℃	B	塑料扁平
		C	CMOS		E	40～+85 ℃	D	陶瓷直插
		D	音响、电视		R	55～+85 ℃	F	全密封扁平
		E	ECL				J	黑陶瓷直插
		F	放大器				K	金属菱形
		H	HTL		M	55～+125 ℃	T	金属圆形
		J	接口器件					
		M	存储器					
		T	TTL					
		W	稳压器					
		U	微机					

国家还规定，凡是家用电器专用集成电路（音响类、电视类），一律采用 4 部分组成型号的形式，即将第一部分的字母省去，用 D××× 形式，凡 D 后面的数字与国外集成电路相同时，为全仿制集成电路，不仅电路结构、引脚分布规律等与国外产品相同，还可以直接代替国外集成电路。

（4）集成电路引脚分布规律。

① 单列直插集成电路引脚分布规律。

这种集成电路只有一列，且引脚是直的。引脚分布规律是：

引脚朝下，从有标记的地方开始数，最左边紧挨标志的引脚为第一引脚，依次从左往右为各引脚，如实训图 6.2 所示。

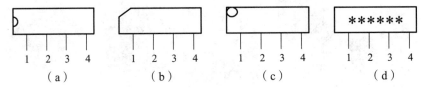

| （a） | （b） | （c） | （d） |

实训图 6.2　单列直插式集成电路引脚分布示意图

② 双列直插式集成电路引脚分布规律。

双列直插集成电路的引脚有两列，引脚是直的。实训图 6.3 为几种双列集成电路的引脚分布示意图。

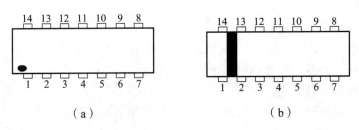

（a）　　　　　　　　　　（b）

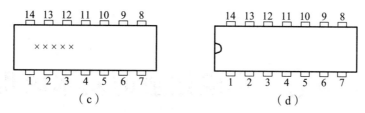

实训图 6.3 双列直插式集成电路的引脚分布图

有标记的一面面向自己，标记在左边，左侧下端的引脚为第一引脚，从第一引脚开始逆时针方向依次为各引脚。

③ 四列直插式集成电路的引脚分布。

四列直插式集成电路的引脚分布规律和双列直插的规律一致，紧挨标记逆时针方向为第一引脚，从第一引脚开始按逆时针方向依次为各引脚。

④ 金属封装集成电路引脚分布规律。

这种集成电路的外壳是金属圆帽形的，判断引脚时，将引脚朝上，从定位标记端起，顺时针方向依次为各引脚。

五、集成电路的检测方法

（1）电压检查法。

给集成电路所在的电路通电，并不给集成电路输入信号（即使之在静态工作状态下），用万用表直流电压挡的适当量程，测量集成电路各引脚对地之间的直流工作电压，根据测得的结果，通过与这一集成电路各引脚标准电压的比较，判断是集成电路有问题还是集成电路外围电路的元器件有问题。

（2）电流检查法。

该方法主要是用来测量集成电路电源引脚回路中的静态电流，通过测得的静态电流大小来判别故障是否与集成电路有关。若实际电流比最大值大许多，说明集成电路有短路故障的可能；若实际电流为零或者比最小值电流小很多，说明集成电路有开路故障的可能。

（3）代替检查法。

在对集成电路进行代替检查时，往往已是检查的最后阶段，当很有把握认为集成电路有问题时，才采用代替检查法。这里就用于集成电路故障的代替检查说明几点：切不可在初步怀疑集成电路出故障后便采用此法，这是因为拆卸和装配集成电路不方便，而且容易损坏集成电路和线路板；代替检查法往往用于电压检查法或电流检查法认为集成电路有故障之后。

六、实验报告

写出实验心得（不少于 50 字）。

实训七　　集成运放的基本应用

一、实训目的

（1）研究由集成运算放大器组成的比例运算电路的功能。

（2）了解运算放大器在实际应用时应考虑的一些问题。

二、实训设备与器件

（1）±12 V 直流电源；

（2）函数信号发生器；

（3）双踪示波器；

（4）万用表；

（5）集成运算放大器μA741×1；

（6）电阻、电容若干。

三、实训原理

集成运算放大器是一种具有高电压放大倍数的直接耦合多级放大电路。当外部接入不同的线性或非线性元器件组成输入和负反馈电路时，可以灵活地实现各种特定的函数关系。在线性应用方面，可组成比例、加法、减法、积分、微分、对数等模拟运算电路。

1. 理想运算放大器特性

在大多数情况下，将运放视为理想运放，就是将运放的各项技术指标理想化，满足下列条件的运算放大器称为理想运放。

开环电压增益：$A_{ud} = \infty$；

输入阻抗：$R_i = \infty$；

输出阻抗：$R_o = 0$；

带宽：$f_{BW} = \infty$；

失调与漂移均为零等。

2. 理想运放在线性应用时的两个重要特性

（1）输出电压 U_o 与输入电压之间满足关系式：

$$U_o = A_{ud}\left(U_+ - U_- \right)$$

由于 $A_{ud} = \infty$，而 U_o 为有限值，因此，$U_+ - U_- \approx 0$，即 $U_+ \approx U_-$，称为"虚短"。

（2）由于 $R_i = \infty$，故流进运放两个输入端的电流可视为零，即 $I_{IB} = 0$，称为"虚断"。这说明运放对其前级吸取电流极小。

上述两个特性是分析理想运放应用电路的基本原则，可简化运放电路的计算。

3. 反相比例运算电路

反相比例运算电路如实训图 7.1 所示。对于理想运放，该电路的输出电压与输入电压之间的关系为

$$U_o = -\frac{R_F}{R_1}U_i$$

为了减小输入级偏置电流引起的运算误差，在同相输入端应接入平衡电阻 $R_2 = R_1 // R_F$。

4. 同相比例运算电路

实训图 7.2 是同相比例运算电路，它的输出电压与输入电压之间的关系为

$$U_o = \left(1+\frac{R_F}{R_1}\right)U_i$$

$$R_2 = R_1 // R_F$$

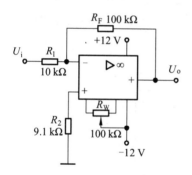

实训图 7.1 反相比例运算电路

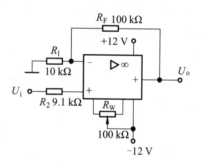

实训图 7.2 同相比例运算电路

四、实训内容

实验前要看清运放组件各管脚的位置，切忌正、负电源极性接反和输出端短路，否则将会损坏集成块。

1. 反相比例运算电路

（1）按实训图 7.1 连接实验电路，接通 ±12 V 电源，输入端对地短路，进行调零和消振。

（2）输入 $f = 100\ Hz$，$U_{IP\text{-}P} = 1\ V$ 的正弦交流信号，测量相应的 $U_{OP\text{-}P}$，并用示波器观察 u_o 和 u_i 的相位关系，记入实训表 7.1 中。

实训表 7.1

$U_{IP\text{-}P}/V$	$U_{OP\text{-}P}/V$	u_i 波形	u_o 波形	A_u	
				实测值	计算值

2. 同相比例运算电路

按实训图 7.2 连接实验电路。实验步骤同内容 1，将结果记入实训表 7.2 中。

实训表 7.2

$U_{\text{IP-P}}/\text{V}$	$U_{\text{OP-P}}/\text{V}$	u_i 波形	u_o 波形	A_u	
				实测值	计算值

五、实验总结

（1）整理实验数据，画出波形图（注意波形间的相位关系）。

（2）将理论计算结果和实测数据相比较，分析产生误差的原因。

（3）分析实验中出现的现象和问题。

附：本实验采用的集成运放型号为 μA741（或 F007），引脚排列如实训图 7.3 所示，它是八脚双列直插式组件，2 脚和 3 脚为反相和同相输入端，6 脚为输出端，7 脚和 4 脚为正、负电源端，1 脚和 5 脚为失调调零端，1、5 脚之间可接入一只几十 kΩ 的电位器并将滑动触头接到负电源端。8 脚为空脚。

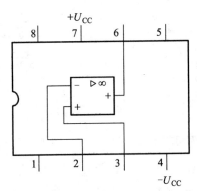

实训图 7.3　μA741 管脚图

4 反馈放大电路

反馈在生活中随处可见，比如厂家的反馈信息卡、商店的意见簿，甚至学生完成的作业都可以看成是一种反馈。

反馈在电子技术中的应用非常广泛。含有反馈网络的放大电路称为反馈放大电路。在放大电路中引入反馈，目的是通过输出对输入的影响来改善系统的技术指标、运行状况及控制效果。

反馈有正、负极性之分。其中负反馈是改善放大电路性能参数的重要手段。本章主要研究反馈的基本概念、负反馈对放大电路性能的影响以及深度负反馈放大电路的估算方法。

4.1 反馈的概念

4.1.1 反馈的基本概念

把电路输出量（电压或电流）的部分或全部，经过一定的电路或元件反送回到电路的输入端，影响原来的输入量，从而牵制输出量，这种措施称为反馈。简单来讲，就是利用输出量改变输入量，从而达到改善放大电路的运行状况及控制效果的目的。有反馈的放大电路称为反馈放大电路，按照反馈放大电路各部分电路的主要功能可将其分为基本放大电路和反馈网络两部分。前者的主要功能是放大信号，后者的主要功能是传输反馈信号，其组成框图如图 4.1 所示。

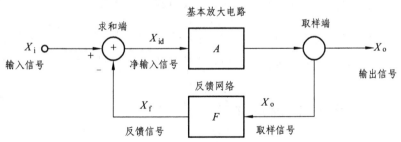

图 4.1 反馈放大电路的组成框图

图中 X_i、X_{id}、X_f、X_o 分别表示放大电路的输入信号、净输入信号、反馈信号、输出信号，它们可以是电压，也可以是电流。

没有引入反馈时的基本放大电路叫作开环电路，图中的 A 表示基本放大电路的放大倍数，也称为开环放大倍数。引入反馈后的放大电路叫作闭环电路。图中的 F 表示反馈网络的反馈系数。

4.1.2　反馈放大电路的一般表达式

1. 闭环放大倍数 A_f

根据图 4.1 可求解反馈放大电路闭环增益的一般表达式。

基本放大电路的放大倍数：

$$A = \frac{X_o}{X_{id}} \tag{4-1}$$

反馈网络的反馈系数：

$$F = \frac{X_f}{X_o} \tag{4-2}$$

基本放大电路的净输入信号：

$$X_{id} = X_i - X_f \tag{4-3}$$

根据 $A_f = \dfrac{X_o}{X_i}$ 得

$$A_f = \frac{A}{1 + AF} \tag{4-4}$$

2. 反馈深度 $|1 + AF|$

$|1 + AF|$ 称为闭环放大电路的反馈深度。它是衡量放大电路反馈强弱程度的一个重要指标。闭环放大倍数 A_f 的变化均与反馈深度有关。乘积 AF 称为电路的环路增益。反馈深度的值越大，反馈深度就越深，负反馈放大器的增益也就越小。

（1）若 $|1 + AF| > 1$，则有 $A_f < A$，这时称放大电路引入的反馈为负反馈。

（2）若 $|1 + AF| < 1$，则有 $A_f > A$，这时称放大电路引入的反馈为正反馈。

（3）若 $|1 + AF| = 0$，则有 $A_f \to \infty$，这时称放大电路出现自激振荡。

（4）若 $|1 + AF| \gg 1$，则有 $A_f = \dfrac{A}{1 + AF} \approx \dfrac{1}{F}$，这时称放大电路引入深度负反馈，在工程上只要在 10 倍以上就可以当作远远大于，相当于 $|1 + AF| > 10$ 就可以视为深度负反馈。

4.2　反馈的类型及其判定方法

4.2.1　正反馈和负反馈

按照反馈的极性，可分为正反馈和负反馈。

1. 正反馈

在反馈放大电路中，如果反馈信号使得净输入信号增大，称为正反馈；正反馈一般用于振荡电路。

2. 负反馈

如果反馈信号使得净输入信号减小，称为负反馈；负反馈主要用于改善放大电路的性能指标。

3. 判断方法

常用电压瞬时极性法判定电路中引入反馈的极性，具体方法如下所述：

（1）先假定放大电路的输入信号电压处于某一瞬时极性。如用"＋"号表示该点电压的变化是增大；用"－"号表示该点电压的变化是减小。

（2）按照信号单向传输的方向，同时根据各级放大电路输出电压与输入电压的相位关系，确定电路中相关各点电压的瞬时极性。

（3）根据反送到输入端的反馈电压信号的瞬时极性，确定是增强还是削弱原来输入信号的作用。如果是增强，则引入的为正反馈；反之，则为负反馈。判定反馈的极性时，一般有这样的结论：在放大电路的输入回路，输入信号电压 u_i 和反馈信号电压 u_f 相比较。当输入信号 u_i 和反馈信号 u_f 在相同端点时，如果引入的反馈信号 u_f 和输入信号 u_i 同极性，则为正反馈；若二者的极性相反，则为负反馈。当输入信号 u_i 和反馈信号 u_f 不在相同端点时，若引入的反馈信号 u_f 和输入信号 u_i 同极性，则为负反馈；若二者的极性相反，则为正反馈。

4.2.2 直流反馈和交流反馈

按照反馈的作用，可分为直流反馈和交流反馈。

1. 直流反馈

如果反馈量只含直流量，则称为直流反馈。直流反馈主要用于稳定静态工作点，比如分压式电流负反馈偏置电路。

2. 交流反馈

如果反馈量只含交流量，则称为交流反馈。交流反馈主要用于改善放大电路的交流性能。一般在反馈电路中这两种反馈总是同时存在的。

3. 判定方法

交流反馈和直流反馈的判定，可以通过画反馈放大电路的交、直流通路来完成。在直流通路中，如果反馈回路存在，即为直流反馈；在交流通路中，如果反馈回路存在，即为交流反馈；如果在交、直流通路中，反馈回路都存在，即为交、直流反馈。

4.2.3 电压反馈和电流反馈

按照取样方式，可分为电压反馈和电流反馈，如图 4.2 所示。

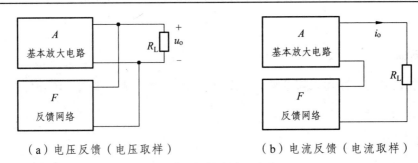

（a）电压反馈（电压取样）　　　　（b）电流反馈（电流取样）

图 4.2　取样方式示意图

1. 电压反馈

当反馈量取自输出电压时，称为电压取样，形成电压反馈。电压取样时，基本放大器、反馈网络、负载三者在取样端的电路中呈并联形式。电压反馈可以稳定输出电压，同时减小输出阻抗。

2. 电流反馈

当反馈量取自输出电流时，称为电流取样，形成电流反馈。电流取样时，基本放大器、反馈网络、负载三者在取样端的电路中呈串联形式。电流反馈可以稳定输出电流，同时增大反馈环内的输出电阻。

3. 判定方法

根据定义判定，方法是：令 $u_o = 0$，检查反馈信号是否存在。若不存在，则为电压反馈；否则为电流反馈。一般电压反馈的采样点与输出电压在相同端点；电流反馈的采样点与输出电压在不同端点。

4.2.4　串联反馈和并联反馈

按照求和方式，可分为串联反馈和并联反馈，如图 4.3 所示。

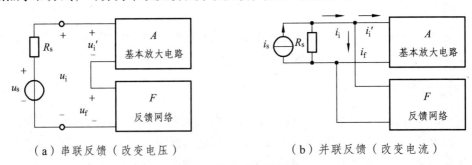

（a）串联反馈（改变电压）　　　　（b）并联反馈（改变电流）

图 4.3　求和方式示意图

1. 串联反馈

串联反馈：反馈信号 u_f 与输入信号 u_i 在输入回路中以电压的形式相加减，即在输入回路中彼此串联。

2. 并联反馈

并联反馈：反馈信号 i_f 与输入信号 i_i 在输入回路中以电流的形式相加减，即在输入回路中彼此并联。

3. 判断方法

如果输入信号 X_i 与反馈信号 X_f 在输入回路的不同端点，则为串联反馈；若输入信号 X_i 与反馈信号 X_f 在输入回路的相同端点，则为并联反馈。

4.2.5 交流负反馈的组态

1. 电压串联负反馈

图 4.4 为负反馈放大电路，采样点和输出电压同端点，为电压反馈；反馈信号与输入信号在不同端点，为串联反馈。因此，电路引入的反馈为电压串联负反馈。

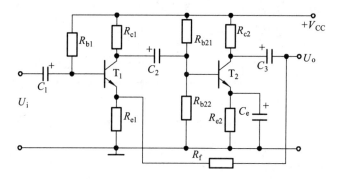

（a）电压串联负反馈电路图

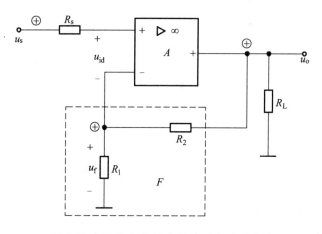

（b）集成运放组成的电压串联负反馈电路

图 4.4 电压串联负反馈电路

电压串联负反馈的特点：

（1）输出电压稳定。

（2）输出电阻减小，输入电阻增大，具有很强的带负载能力。

（3）该电路无电压放大作用，但是对信号有电流放大作用，因此对信号有功率放大作用。

2. 电压并联负反馈

图 4.5 是由运放所构成的电路，采样点和输出电压在同端点，为电压反馈；反馈信号与输入信号在同端点，为并联反馈。因此，电路引入的反馈为电压并联负反馈。

电压并联负反馈的特点：

（1）输出电压稳定。

（2）输出电阻、输入电阻均减小。

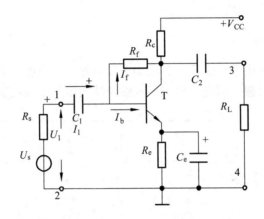

（a）电压并联负反馈电路图

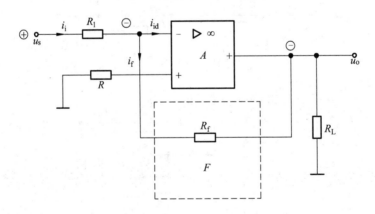

（b）集成运放组成的电压并联负反馈电路

图 4.5　电压并联负反馈电路

3. 电流串联负反馈

图 4.6 为电流负反馈电路，其中图（b）电路中电阻 R_1 构成反馈网络 F。

电流串联负反馈的特点：

（1）输出电流稳定。

（2）输出电阻、输入电阻均增大。

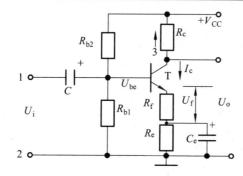

（a）电流串联负反馈电路图

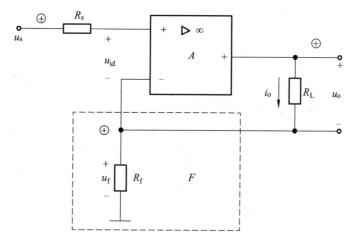

（b）集成运放组成的电流串联负反馈电路

图 4.6 电流串联负反馈电路

4. 电流并联负反馈

图 4.7 为电流并联负反馈电路。

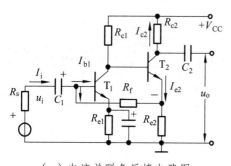

（a）电流并联负反馈电路图

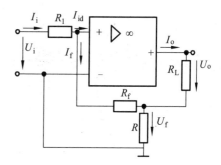

（b）集成运放组成的电流并联负反馈电路

图 4.7 电流并联负反馈电路

图 4.7（b）是由运放所构成的电路，反馈信号与输入信号在同端点，为并联反馈；输出电压 $u_o = 0$ 时，反馈信号仍然存在，为电流反馈。因此，电路引入的反馈为电流并联负反馈。

电流并联负反馈的特点为：

（1）输出电流稳定。

（2）输出电阻增大，输入电阻减小。

【例 4.1】 判断图 4.8（a）中存在的交流反馈类型。

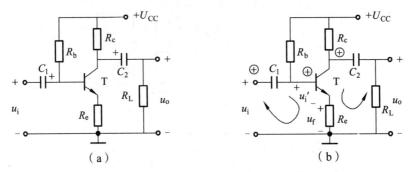

图 4.8　例 4.1 图

【解】 R_e 处于输入回路和输出回路的公共部分，是反馈元件；R_e 没有直接与输出端相连，是电流反馈；R_e 没有直接与输入端相连，是串联反馈。

假设输入端在这一瞬间输入为正极性电压，按照正向传输途径净输入电压为正，三极管输出电压为负（因为共发射极是反相放大电路），如图 4.8（b）所示；由于是电流反馈，且输出电压此时为负，利用压流关联原则，可以确定取样电流在输出回路里为逆时针方向；取样电流从上往下流过反馈元件 R_e，在 R_e 上产生一个串联反馈所需的反馈电压 u_f，其极性为上正下负；观察输入电压、净输入电压、反馈电压三者之间的关系，可得 $u_i' = u_i - u_f$，故为负反馈。

综上可得，图（a）中存在 R_e-电流串联负反馈。

【例 4.2】 判断图 4.9（a）中存在的交流反馈类型。

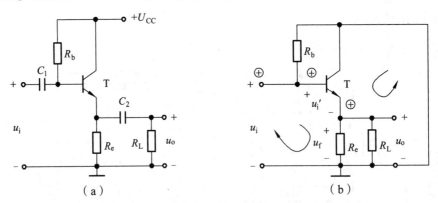

图 4.9　例 4.2 图

【解】R_e、R_L 处于输入回路和输出回路的公共部分，是反馈元件；R_e 直接与输出端相连，是电压反馈；R_e 和 R_L 都没有直接与输入端相连，是串联反馈。

假设输入端在这一瞬间输入一正极性电压，按照正向传输途径净输入电压为正，三极管输出电压为正（因为共集电极是同相放大电路），如图 4.9（b）所示；由于是电压反馈，可以确定取样电压此时为正；取样电压直接在反馈元件 R_e 上产生一个串联反馈所需的反馈电压 u_f，其极性为上正下负；观察输入电压、净输入电压、反馈电压三者之间的关系，可得

$u'_i = u_i - u_f$，故为负反馈。

综上可得，图（a）中存在 $R_e R_L$-电压串联负反馈。

【例 4.3】 判断图 4.10（a）中存在的交流反馈类型。

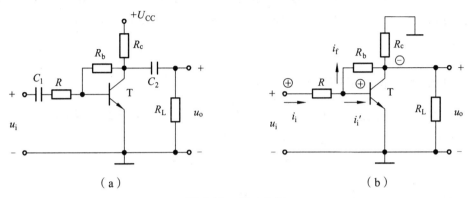

图 4.10 例 4.3 图

【解】 R_b 跨接在输入回路和输出回路之间，是反馈元件；R_b 直接与输出端相连，是电压反馈；R_b 直接与输入端相连，是并联反馈。

假设输入端在这一瞬间输入一正极性电压，按照正向传输途径净输入电压为正，三极管输出电压为负（因为共发射极是反相放大电路），如图 4.10（b）所示；由于是电压反馈，可以确定取样电压此时为负；取样电压直接在反馈元件 R_b 上产生一个并联反馈所需的反馈电流 i_f，其方向为从左向右流过 R_b；由于是并联反馈，是电流在求和，所以按照压流关联的原则，标出输入电流、净输入电流在此时的方向，与反馈电流相比较，可得 $i'_i = i_i - i_f$，故为负反馈。

综上可得，图（a）中存在 R_b-电压并联负反馈。

【例 4.4】 判断图 4.11 中存在的交流反馈类型。

【解】 先判断本级反馈 T_1-R_{e1}-电流串联负反馈；T_2-无反馈；

再判断越级反馈，R_f 跨接在输入回路和输出回路之间，是反馈元件；

R_{e1} 承担着产生反馈电压的任务，也是反馈元件；

R_f 直接与输出端相连，是电压反馈。

R_f 和 R_{e1} 都没有直接与输入端相连，是串联反馈。

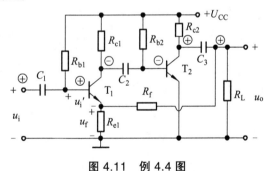

图 4.11 例 4.4 图

假设输入端在这一瞬间输入一正极性电压，按照正向传输途径净输入电压为正，经两级放大以后输出电压为正；由于是电压反馈，可以确定取样电压此时为正；取样电压经过 R_f 和 R_{e1}，在 R_{e1} 上分压产生一个串联反馈所需的反馈电压 u_f，其极性为上正下负；观察输入电压、净输入电压、反馈电压三者之间的关系，可得 $u'_i = u_i - u_f$，故为负反馈。（思考：如果没有 R_{e1}，越级反馈是否还存在？）

综上可得，图 4.11 中存在越级反馈 $T_2 T_1$-$R_f R_{e1}$-电压串联负反馈。

4.3 具有负反馈的放大电路的性能

从反馈放大电路的一般表达式可知，电路中引入负反馈后其增益下降，但放大电路的其他性能会得到改善，如提高放大倍数的稳定性、减小非线性失真、抑制噪声干扰、扩展通频带等。

4.3.1 负反馈对放大电路性能的影响

放大器引入负反馈后，虽然增益有所下降，但是多项交流性能指标得到改善，所以负反馈技术广泛应用于放大电路和反馈控制系统之中。下面分别讨论引入负反馈对放大电路各项性能指标的影响。

1. 负反馈对增益的影响

（1）降低开环增益。

因为 $1 + AF > 1$，且 $A_f = \dfrac{A}{1 + AF}$，所以

$$A_f = \frac{A}{1 + AF} < A \tag{4-5}$$

（2）提高增益稳定性。

由于负载和环境温度的变化、电源电压的波动及器件老化等因素，放大电路的放大倍数会发生变化。通常用放大倍数相对变化量的大小来表示放大倍数稳定性的优劣，相对变化量越小，则稳定性越好。

【例 4.5】 某负反馈放大器，其 $A = 10^4$，$F = 0.01$。如果由于管子参数变化，使得 A 变化了 $\pm 10\%$，求 A_f 的相对变化量为多少？

【解】 $\dfrac{\mathrm{d}A_f}{A_f} = \dfrac{1}{1 + AB} \times \dfrac{\mathrm{d}A}{A} = \dfrac{1}{1 + 10^4 \times 0.01} \times (\pm 10\%) \approx \pm 0.1\%$

由此可见，在 A 变化了 $\pm 10\%$ 时，A_f 只变化了 $\pm 0.1\%$。可见，负反馈大大提高了增益的稳定性。在实际电路中，基本放大器的增益 A 由于受温度变化、器件老化或更换、负载变化等多种原因都会发生变化。在引入负反馈后，可以减小这种变化，特别是在深度负反馈条件下，$A_f \approx \dfrac{1}{F}$ 几乎不变。

2. 负反馈对输入/输出电阻的影响

负反馈对输入/输出电阻均有影响，其效果取决于反馈组态。

串联负反馈增大输入电阻，并联负反馈减小输入电阻。

电流负反馈增大输出电阻，电压负反馈减小输出电阻。

3. 负反馈对通频带的影响

频率响应是放大电路的重要特性之一。在多级放大电路中，级数越多，增益越大，频带

越窄。引入负反馈后，可有效扩展放大电路的通频带。图 4.12 为放大器引入负反馈后通频带的变化。根据上、下限频率的定义，从图 4.12 中可见，放大器引入负反馈以后，其下限频率降低，上限频率升高，通频带变宽。

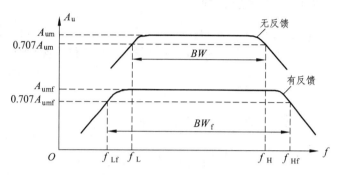

图 4.12　负反馈拓展通频带

4. 负反馈对非线性失真的影响

负反馈可以减小放大电路内部的非线性失真。

放大电路中的有源元件在小信号时等效为线性元件。但在大信号时，元件固有的非线性是输出波形失真。这样如果输入频率是 f 的正弦波信号，在输出信号中除基频 f 外，还将包含有 $2f$、$3f$ 等高次谐波。非线性失真越严重，高次谐波的幅值越大。

非线性失真产生高次谐波可视作输出的变化量，而负反馈具有稳定输出量的作用，即能使变化量减小，因此，负反馈减小了非线性失真。

假设放大器的输入信号为正弦信号，没有引入负反馈时，开环放大器产生如图 4.13（a）所示的非线性失真，即输出信号的正半周幅度变大，而负半周幅度变小。现在引入负反馈，假设反馈网络为不会引起失真的线性网络，则反馈回的信号同输出信号的波形一样。反馈信号在输入端与输入信号相比较，使净输入信号 $X_{id} = X_i - X_f$ 的波形正半周幅度变小，而负半周幅度变大，如图 4.13（b）所示。经基本放大电路放大后，输出信号趋于正、负半周对称的正弦波，从而减小了非线性失真。

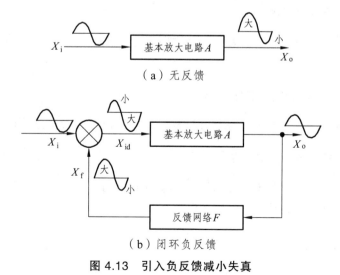

（a）无反馈

（b）闭环负反馈

图 4.13　引入负反馈减小失真

注意：引入负反馈减小的是环路内的失真。如果输入信号本身有失真，此时引入负反馈的作用不大。

5. 负反馈对反馈环内噪声的影响

在反馈环内，放大电路本身产生的噪声和干扰信号，可以通过负反馈进行抑制，其原理与减小非线性失真的原理相同。但对反馈环外的噪声和干扰信号，引入负反馈也无能为力。

4.3.2 放大电路引入负反馈的一般原则

（1）要稳定放大电路的静态工作点 Q，应该引入直流负反馈。

（2）要改善放大电路的动态性能（如增益的稳定性、稳定输出量、减小失真、扩展频带等），应该引入交流负反馈。

（3）要稳定输出电压，减小输出电阻，提高电路的带负载能力，应引入电压负反馈。

（4）要稳定输出电流，增大输出电阻，应该引入电流负反馈。

（5）要提高电路的输入电阻，减小电路向信号源索取的电流，应该引入串联负反馈。

（6）要减小电路的输入电阻，应该引入并联负反馈。

注意：在多级放大电路中，为了达到改善放大电路性能的目的，所引入的负反馈一般为级间反馈。

4.3.3 负反馈放大电路的稳定问题

1. 自激振荡产生的原因

在多级放大电路中，当附加相位移的值等于±180°时，会导致中频引入的负反馈转为正反馈，从而出现自激振荡。

2. 自激振荡产生的条件

由相位条件可知，当负反馈放大电路自激振荡时，电路产生±180°的附加相位移，使原来的负反馈转为正反馈。

3. 负反馈放大电路稳定工作的条件

自激振荡的两个条件不能同时满足，这样可以保证反馈放大电路稳定地工作。

4. 消除自激振荡常用的方法

消除自激振荡常用的方法有以下 3 种，如图 4.14 所示。

（1）电容滞后相位补偿法；

（2）RC 滞后相位补偿法；

（3）RC 元件反馈补偿法。

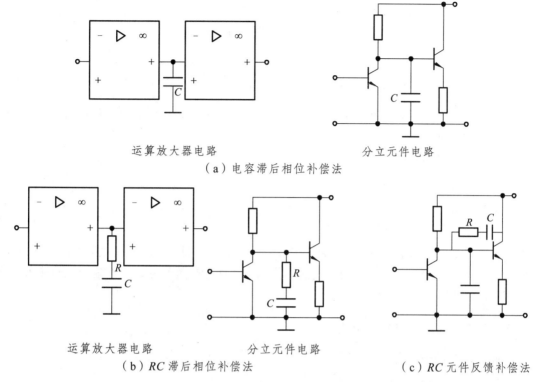

运算放大器电路　　　　　　　　分立元件电路

（a）电容滞后相位补偿法

运算放大器电路　　　　分立元件电路

（b）RC滞后相位补偿法　　　　　　　（c）RC元件反馈补偿法

图 4.14　RC频率特性补偿电路

4.4　深度负反馈放大电路的估算

4.4.1　深度负反馈放大电路的特点

在实际的电子设备中,负反馈放大电路的开环放大倍数比较大,一般容易满足$|1+AF| \gg 1$的条件,可以采用近似计算的方法估算增益。

深度负反馈具有以下特点:

1. 虚短和虚断

在负反馈放大电路中,当反馈深度$|1+AF| \gg 1$时的反馈,称为深度负反馈。一般在$1+AF \geqslant 10$就可以认为是深度负反馈。此时,由于$1+AF \approx AF$,因此有

$$A_f = \frac{A}{1+AF} \approx \frac{A}{AF} = \frac{1}{F}$$

即

$$A_f = \frac{X_o}{X_i} = \frac{1}{F} = \frac{X_o}{X_f} \tag{4-6}$$

由式（4-6）可知:

（1）深度负反馈的闭环增益A_f只由反馈系数F来决定,而与开环增益A几乎无关。所以,在深度负反馈的情况下,闭环放大倍数仅与反馈网络的参数有关,基本上不受开环放大倍数

的影响，这时放大电路的工作非常稳定。

（2）外加输入信号近似等于反馈信号，由式（4-6）可知：

$$X_i \approx X_f$$

$$X_i = X_f + X_{id}, X_{id} \approx 0 \qquad (4-7)$$

式（4-7）表明，在深度负反馈的条件下，反馈信号 X_f 与外加输入信号 X_i 近似相等，则净输入信号几乎为零。

对于串联负反馈有

$$u_i \approx u_f, u_{id} \approx 0 \qquad (4-8)$$

对于并联负反馈有

$$i_i \approx i_f, i_{id} \approx 0 \qquad (4-9)$$

因此，在深度负反馈的条件下，无论是串联反馈或是并联反馈，基本放大电路的净输入电压、净输入电流均近似等于零。基本放大电路的净输入电压近似等于零，叫作虚短；净输入电流近似等于零，叫作虚断。

2. 闭环输入电阻和输出电阻

串联负反馈的输入电阻趋于无穷大；

并联负反馈的输入电阻近似为零；

电压负反馈的输出电阻近似为零；

电流负反馈的输出电阻趋于无穷。

4.4.2 深度负反馈放大电路的估算

1. 估算深度负反馈放大电路电压增益的步骤

（1）确定放大电路中反馈的组态。

如果是串联反馈，反馈信号和输入信号以电压的形式相减，X_i 和 X_f 是电压，则有反馈电压近似等于输入电压，即 $u_i \approx u_f'$，串联负反馈的表现形式如图 4.15 所示。

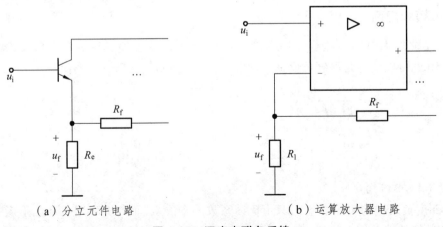

（a）分立元件电路　　　　　　　（b）运算放大器电路

图 4.15　深度串联负反馈

如果是并联负反馈，反馈信号和输入信号以电流的形式相减，X_i 和 X_f 是电流，则有反馈电流近似等于输入电流，即 $i_i \approx i_f \approx \dfrac{u_s}{R_s}$，并联负反馈的表现形式如图4.16所示。

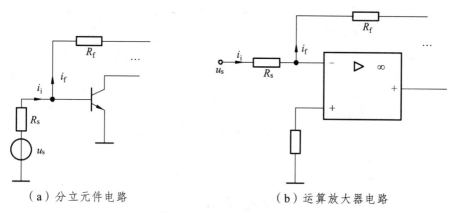

（a）分立元件电路　　　　　　　　（b）运算放大器电路

图 4.16　深度并联负反馈

（2）根据反馈放大电路，列出反馈量 X_f 与输出量 X_o 的关系，从而可以求出反馈系数 $F = \dfrac{X_f}{X_o}$，闭环增益 $A_f \approx \dfrac{1}{F}$。

（3）如果要估算闭环电压增益 A_{uf}，可根据电路列出输出电压 u_o 和输入电压 u_i 的表达式，从而计算电压增益。

2. 计算举例

（1）电压串联负反馈放大电路。

图4.17（a）是由集成运放组成的电压串联负反馈放大电路，输入量为 u_i，输出量为 u_o，反馈量为 u_f。当忽略流入反相输入端的电流时，有

$$u_f \approx \frac{R_1}{R_f + R_1} u_o \tag{4-10}$$

由 $u_i \approx u_f$，可以得出闭环电压增益为

$$A_{uf} = \frac{u_o}{u_i} \approx \frac{u_o}{u_f} = 1 + \frac{R_f}{R_1} \tag{4-11}$$

图4.17（b）是由分立元件组成的电压串联负反馈放大电路，有

$$u_i \approx u_f \approx \frac{R_{e1}}{R_f + R_{e1}} u_o \tag{4-12}$$

所以，闭环电压增益为

$$A_{uf} = \frac{u_o}{u_i} \approx \frac{u_o}{u_f} = 1 + \frac{R_f}{R_{e1}} \tag{4-13}$$

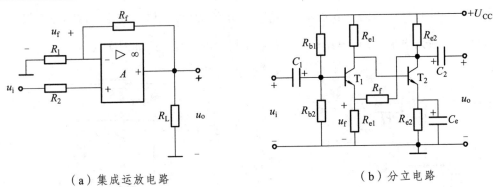

（a）集成运放电路　　　　　　　　（b）分立电路

图 4.17　电压串联负反馈放大电路

（2）电压并联负反馈放大电路。

图 4.18（a）是由集成运放组成的电压并联负反馈放大电路，由于输入端的连接为并联负反馈，因而输入量为 i_i，反馈量为 i_f，输出量为 u_o。

由于净输入电流 $i_{id} \approx 0$，则有

$$i_i = \frac{u_i - 0}{R_1} = \frac{u_i}{R_1} \tag{4-14}$$

$$i_f = \frac{0 - u_o}{R_f} = -\frac{u_o}{R_f} \tag{4-15}$$

根据公式 $i_i \approx i_f$，可得闭环电压增益为

$$A_{uf} = \frac{u_o}{u_i} = -\frac{R_f}{R_1} \tag{4-16}$$

同样的方法推导图 4.18（b）由分立元件组成的电压并联负反馈放大电路，可以得出闭环源电压增益为

$$A_{usf} = \frac{u_o}{u_s} = -\frac{R_f}{R_s} \tag{4-17}$$

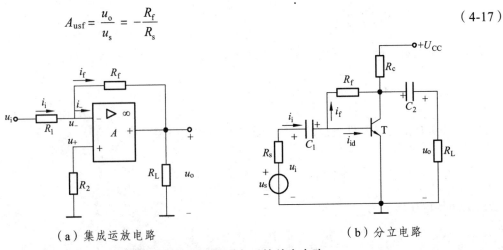

（a）集成运放电路　　　　　　　　（b）分立电路

图 4.18　电压并联负反馈放大电路

（3）电流串联负反馈放大电路。

图 4.19（a）是由集成运放组成的电流串联负反馈放大电路。从图中可得

$$U_f = i_o R = \frac{u_o}{R_L} R \tag{4-18}$$

所以，闭环电压增益为

$$A_{uf} = \frac{u_o}{u_i} \approx \frac{u_o}{u_f} = \frac{R_L}{R} \tag{4-19}$$

图 4.19（b）是由分立元件组成的电流串联负反馈放大电路，由于 $u_i \approx u_f = i_e R_{e1}$，而 $i_e = i_o$，所以闭环电压增益为

$$A_{uf} = \frac{u_o}{u_i} \approx \frac{u_o}{u_f} \approx -\frac{i_o R_L'}{i_e R_{e1}} \tag{4-20}$$

式中

$$R_L' = R_{e2} /\!/ R_L \tag{4-21}$$

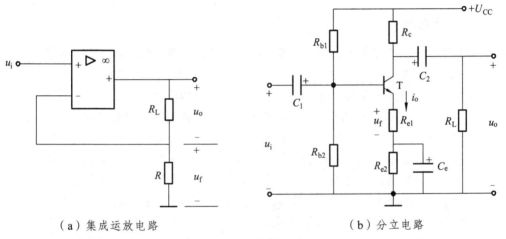

（a）集成运放电路　　　　　　　　（b）分立电路

图 4.19　电流串联负反馈放大电路

（4）电流并联负反馈放大电路。

图 4.20（a）是由集成运放构成的电流并联负反馈电路。从图中可得

$$i_f \approx -\frac{i_o R}{R + R_f}$$

由于 $i_i \approx i_f$，$i_i \approx \frac{u_i}{R_1}$，$u_o = i_o R_L$，所以电压增益

$$A_{uf} = \frac{u_o}{u_i} \approx -\frac{R_f + R}{R} \cdot \frac{R_L}{R_1} \tag{4-22}$$

由分立元件构成的电流并联负反馈电路如图 4.20（b）所示。其闭环电压增益为

$$A_{uf} = \frac{u_o}{u_i} \approx -\frac{R_f + R_{e2}}{R_{e2}} \cdot \frac{R_L'}{R_s} \tag{4-23}$$

其中

$$R_L' = R_{e2} /\!/ R_L \tag{4-24}$$

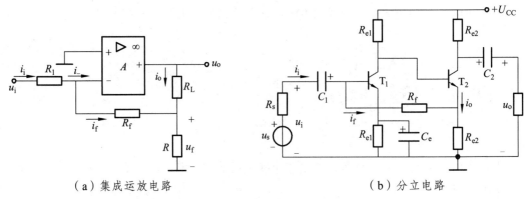

（a）集成运放电路　　　　　　　　　　　　（b）分立电路

图 4.20　电流并联负反馈放大电路

4.5　实际应用电路举例

1. 烟雾报警器

烟雾报警器由红外发光管、光敏三极管构成的串联反馈感光电路、半导体管开关电路及集成报警电路等组成，如图 4.21 所示。

当被监视的环境洁净无烟雾时，红外发光二极管 D_1 以预先调好的起始电流发光。该红外光被光敏三极管 T_1 接收后其内阻减小，使得 D_1 和 T_1 串联电路中的电流增大，红外发光二极管 D_1 的发光强度相应增大，光敏三极管内阻进一步减小。如此循环便形成了强烈的正反馈过程，直至使串联感光电路中的电流达到最大值，在 R_1 上产生的压降经 D_2 使 T_2 导通，T_3 截止，报警电路不工作。当被监视的环境中烟雾急骤增加时，空气中的透光性恶化，此时光敏三极管 T_1 接收到的光通量减小，其内阻增大，串联感光电路中的电流也随之减小，发光二极管 D_1 的发光强度也随之减弱。如此循环便形成了负反馈的过程，使串联感光电路中的电流直至减小到起始电流值，R_1 上的电压也降到 1.2 V，使 T_2 截止，T_3 导通，报警电路工作，发出报警信号。C_1 是为防止短暂烟雾的干扰而设置的。

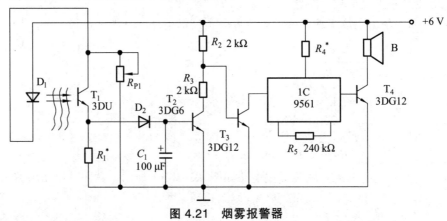

图 4.21　烟雾报警器

2. 通用前置放大电路

图 4.22 为用于音频或视频放大的通用前置放大电路。R_f 与 C_3 的串联支路构成交流信号

的电压串联负反馈，提高了放大电路的输入电阻，减小了放大器的输出电阻，稳定了放大器的电压增益，R_3 为 T_1 管的基极偏流电阻，利用 T_2 管的射极静态导通电流，通过直流电流负反馈，稳定两管的静态工作点。

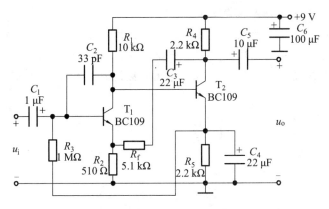

图 4.22　通用前置放大电路

本章小结

　　本章主要讨论了正、负反馈的判别，负反馈类型的判定，负反馈放大电路的性能以及深度负反馈放大电路的分析方法。

　　（1）反馈使净输入量减弱的为负反馈，使净输入量增强的为正反馈。常采用"瞬时电压极性法"来判断反馈的极性。

　　（2）反馈的类型按输出端的取样方式分为电压反馈和电流反馈，常用负载短路法判定；按输入端的连接方式分为串联反馈和并联反馈，可根据电流和电压的形式判定。

　　（3）负反馈的重要特性是能稳定输出端的取样对象，从而使放大器的性能得到改善，包括静态和动态性能。改善动态性能是以牺牲放大倍数为代价的，反馈越深，越有益于动态性能的改善。负反馈放大电路性能的改善与反馈深度 $|1+AF|$ 的大小有关，其值越大，性能改善越显著。但也不能够无限制地加深反馈，否则易引起自激振荡，使放大电路不稳定。

　　（4）当反馈深度 $|1+AF| \gg 1$ 时，称为深度负反馈。深度串联负反馈的输入电阻很大，深度并联负反馈的输入电阻很小，深度电压负反馈的输出电阻很小，深度电流负反馈的输出电阻很大，在深度负反馈放大电路中，$X_i \approx X_f$，即 $X_{id} \approx 0$，因此可引出两个重要概念，即深度负反馈放大电路中基本放大电路的两输入端可以近似看成短路和断路，称为"虚短"和"虚断"。利用"虚短"和"虚断"可以很方便地求得深度负反馈放大电路的闭环电压放大倍数。当反馈为深度负反馈时，反馈量近似等于外加的输入信号，利用这个结论可以简便地估算出电压放大倍数。

　　（5）利用负反馈技术，根据外接线性反馈元件的不同，可用集成运放构成比例、加法、减法、微分、积分等运算电路。基本运算电路有同相输入和反相输入两种连接方式。反相输入运算电路的特点是：运放共模输入信号为零，但输入电阻较低，其值决定于反相输入端所接元件。同相输入运算电路的特点是：运放两个输入端对地电压等于输入电压，故有较大的共模输入信号，但它的输入电阻可趋于无穷大。基本运算电路中反馈电路都必须接到反相输入端以构成负反馈，使运放工作在线性状态。

（6）负反馈电路的反馈深度如果过深，电路有可能会产生自激振荡，可以采用频率补偿技术消除自激振荡，但这样会使频带变窄。

（7）电压负反馈能够稳定放大电路的输出电压，因而输出阻抗比无负反馈时减小；电流负反馈可稳定放大电路的输出电流，因而输出阻抗比无反馈时增大；串联负反馈由于在输入端串入反馈支路，因而输入阻抗得以提高；并联负反馈的输入端由于并联了反馈支路，因而输入阻抗得以降低。

思考与练习题

一、填空题

1. 放大电路有反馈称为_____。

2. _____称为放大电路的反馈深度，它反映了反馈对放大电路影响的程度。

3. 反馈信号的大小与输出电压成比例的反馈称为_____；反馈信号的大小与输出电流成比例的反馈称为_____。

4. 交流负反馈有4种组态，分别为_____、_____、_____、_____。

5. 电压串联负反馈可以稳定_____，使输出电阻_____，输入电阻_____，电路的带负载能力_____。

6. 电流串联负反馈可以稳定_____，输出电阻_____。

7. 电路中引入直流负反馈，可以_____静态工作点；引入_____负反馈可以改善电路的动态性能。

8. 交流负反馈的引入可以_____放大倍数的稳定性，_____非线性失真，_____频带。

9. 放大电路若要提高电路的输入电阻，应该引入_____负反馈；若要减小输入电阻，应该引入_____负反馈；若要增大输出电阻，应该引入_____负反馈。

二、选择题

1. 引入负反馈可以使放大电路的放大倍数_____。
   A. 增大   B. 减小   C. 不变

2. 已知 $A = 100$，$F = 0.2$，则有 $A_f =$ _____。
   A. 20   B. 5   C. 100

3. 深度负反馈下，闭环增益 A_f _____。
   A. 仅与 F 有关   B. 仅与 A 有关   C. 与 A、F 均无关

4. 反馈电路引入交流负反馈可以减小_____。
   A. 环路内的非线性失真   B. 环路外的非线性失真   C. 输入信号的失真

三、判断题

1. 交流负反馈不能稳定电路的静态工作点；直流负反馈不能改善电路的动态性能。（　　）

2. 交流负反馈可以改善放大电路的动态性能，且改善的程度与反馈深度有关，所以负反馈的反馈深度越深越好。（　　）

3. 如果输入信号本身含有一定的噪声干扰信号，可以通过在放大电路中引入负反馈来减小该噪声干扰信号。（　　）

四、分析题

1. 分析图 4.23 所示各电路的反馈：（1）反馈元件是什么？（2）是正反馈还是负反馈？（3）是直流反馈还是交流反馈？

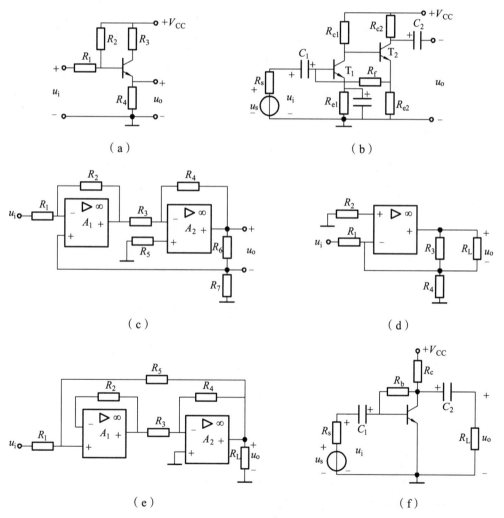

图 4.23　反馈电路

2. 分析图 4.24 所示各电路中的反馈：（1）是正反馈还是负反馈？（2）负反馈放大电路是何种组态？

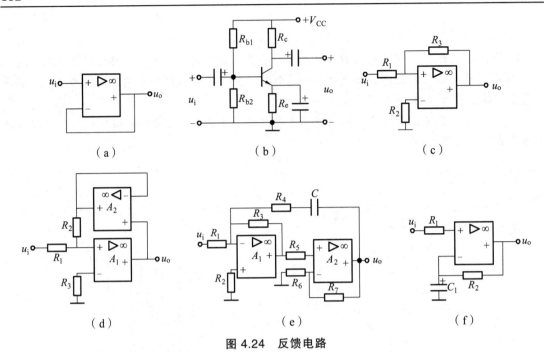

（a） （b） （c）

（d） （e） （f）

图 4.24 反馈电路

五、计算题

1. 反馈放大电路的方框图如图 4.25 所示，已知开环电压增益 $A_u = 1\,000$，电压反馈系数 $F_u = 0.02$，输出电压为 $u_o = 5\sin\omega t$（V），试求输入电压 u_i、反馈电压 u_f 和净输入电压 u_{id}。

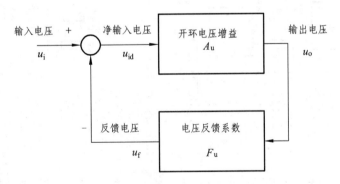

图 4.25 反馈放大电路的方框图

2. 放大电路输入的正弦波电压有效值为 20 mV，开环时正弦波输出电压有效值为 10 V，试求引入反馈系数为 0.01 的电压串联负反馈后输出电压的有效值。

3. 某负反馈放大电路，其闭环放大倍数为 100，且当开环放大倍数变化 10% 时，闭环放大倍数的变化不超过 1%，试求其开环放大倍数和反馈系数。

4. 一个负反馈放大电路，如果反馈系数 $F = 0.1$，闭环增益 $A_f = 9$，试求开环放大倍数 A_0。

5. 图 4.26 所示电路中，希望降低输入电阻，稳定输出电流，试在图中接入相应的反馈网络。

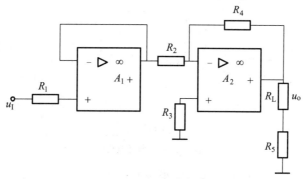

图 4.26 反馈电路

6. 分析图 4.27 所示反馈放大电路：（1）判断反馈性质与类型，并标出有关点的瞬时极性；（2）计算电压放大倍数（设 C_1 足够大）；（3）求输入电阻和输出电阻。

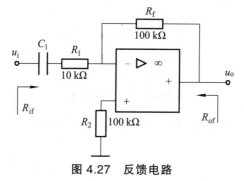

图 4.27 反馈电路

7. 分析图 4.28 所示深度负反馈放大电路：（1）判断反馈组态；（2）写出电压增益 $A_{uf} = u_o/u_i$ 的表达式。

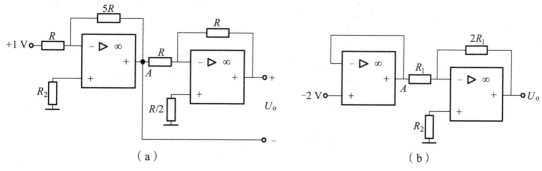

（a） （b）

图 4.28 深度负反馈放大电路

8. 运放电路如图 4.29 所示，试分别求出各电路输出电压的大小。

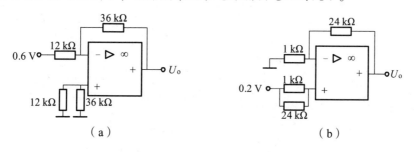

（a） （b）

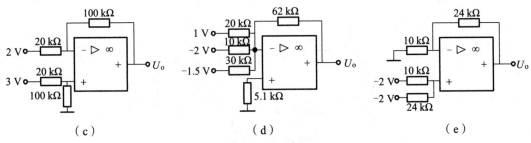

（c） （d） （e）

图 4.29 运放电路

9. 写出图 4.30 所示各电路的名称，分别计算它们的电压放大倍数和输入电阻。

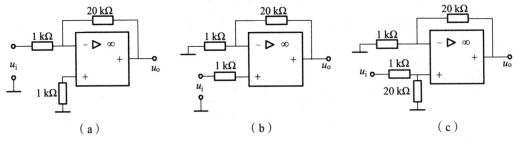

（a） （b） （c）

图 4.30 反馈电路

10. 运放应用电路如图 4.31 所示，试分别求出各电路的输出电压 u_o。

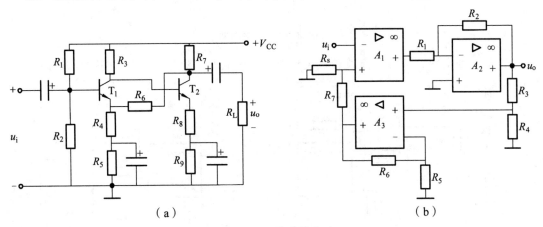

（a） （b）

图 4.31 运放应用电路

实训八 负反馈放大电路

一、实训目的

（1）研究负反馈对放大器性能的影响。

（2）掌握反馈放大器性能的测试方法。

二、实训仪器

示波器、低频信号发生器、万用表。

三、实训内容及步骤

1. 负反馈放大器开环和闭环放大倍数的测试

（1）开环电路。

按实训图 8.1 接线，R_f 先不接入。

输入端接入 $U_i = 10$ mV，$f = 1$ kHz 的正弦波。调整接线和参数使输出不失真且无振荡。

按实训表 8.1 要求进行测量并填表。

根据实测值计算开环放大倍数和输出电阻 R_o。

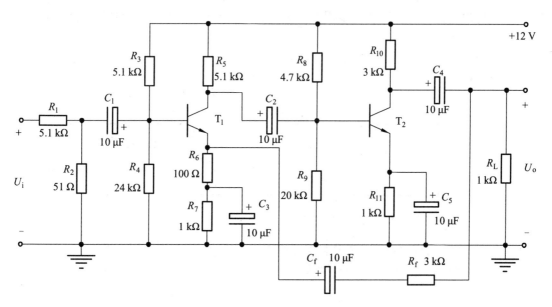

实训图 8.1 反馈放大电路

（2）闭环电路。

接通 R_f 按（1）的要求调整电路。

按实训表 8.1 要求测量并填表，计算 A_{uf}。

根据实测结果，验证 $A_{uf} \approx 1/F$。

实训表 8.1

	$R_L/k\Omega$	U_i/mV	U_o/mV	A_u（A_{uf}）
开环	∞	1		
	1 kΩ	1		
闭环	∞	1		
	1 kΩ	1		

2. 负反馈对失真的改善作用

（1）将实训图 8.1 所示的电路开环，逐步加大 U_i 的幅度，使输出信号出现失真（注意不要过分失真）记录失真波形幅度。

（2）将电路闭环，观察输出情况，并适当增加 U_i 幅度，使输出幅度接近开环时失真波形的幅度。

① 若 R_f = 3 kΩ 不变，但 R_f 接入 T_1 的基极，会出现什么情况？

② 画出上述各步实训的波形图。

（3）测放大器频率特性。

① 将实训图 8.1 所示的电路先开环，选择 U_i 适当幅度（频率为 1 kHz）使输出信号在示波器上有满幅正弦波显示。

② 保持输入信号幅度不变逐步增加频率，直到波形减小为原来的 70%，此时信号频率即为 f_H。

③ 条件同上，但逐渐减小频率，测得 f_L。

④ 将电路闭环，重复步骤①～③，并将结果填入实训表 8.2 中。

实训表 8.2

频　率	f_H/Hz	f_L/Hz
开　环		
闭　环		

四、实验报告

（1）将实验值与理论值比较，分析误差原因。

（2）根据实验内容总结负反馈对放大电路的影响。

（3）写出实验心得（不少于 50 字）。

5　低频功率放大电路

一个实际的放大电路，其输出信号往往都是送到负载，去驱动某种装置，如扬声器、电机、监视器等。一般来说，负载上的电流和电压都要求较大，因此，放大电路除了应有的电压放大级外，还要求有一个能输出一定信号功率的输出级。这类主要用于向负载提供功率足够大的放大电路称为功率放大电路，简称功放。

电压放大电路和功率放大电路都是利用晶体管的放大作用将信号放大，所不同的是：前者的任务是输出足够大的电压，后者的任务是输出足够大的功率；前者工作在小信号状态，后者工作在大信号状态。因此，功率放大电路在电路原理、分析方法和设计要求等方面都有许多特殊之处，下面作简单的介绍。

根据要求输出较大功率的信号频率的不同，功率放大电路可以分为低频功率放大和高频功率放大电路。本章主要介绍低频功率放大电路的内容。

5.1　功率放大电路的基础

5.1.1　功率放大电路的特点及主要技术指标

功率放大器的主要任务是向负载提供较大的信号功率，所以功放主要性能指标要求包括以下 5 点：

1. 输出功率

如果输入信号为某一频率的正弦信号，则输出功率为

$$P_o = I_o U_o \tag{5-1}$$

式中，I_o、U_o 分别为负载 R_L 上的正弦信号的电流、电压的有效值。如果用振幅来表示，$I_o = I_{om}/\sqrt{2}$，$U_o = U_{om}/\sqrt{2}$，代入式（5-1）得

$$P_o = \frac{1}{2} I_{om} U_{om} \tag{5-2}$$

最大输出功率 P_{om} 是指在正弦输入信号下，输出波形不超过规定的非线性失真指标时，放大电路最大输出电压和最大输出电流有效值的乘积。

2. 效　率

为定量反应放大电路效率的高低，定义放大电路的效率为

$$\eta = \frac{P_o}{P_E} \times 100\% \qquad\qquad (5\text{-}3)$$

式中，P_o 为信号输出功率；P_E 为直流电源向电路提供的功率。可见，效率 η 反应了功放把电源转换成输出信号功率的能力，表示了对电源功率的转换率。

3. 非线性失真

在功率放大电路中，晶体管处于大信号工作状态，因此输出波形不可避免地产生一定的非线性失真。在实际的功率放大电路中，应根据负载的要求来规定允许的失真度范围。

4. 工作要安全

在功率放大电路中，为使输出功率尽可能大，晶体管往往工作在接近管子的极限参数状态，即晶体管集电极电流最大时接近 I_{CM}（管子的最大集电极电流），管压降最大时接近 U_{CEO}（管子 c-e 间能承受的最大管压降），耗散功率最大时接近 P_{CM}（管子的集电极最大耗散功率）。

5. 分析方法

因为晶体管工作于大信号状态，因此分析电路时，不能用微变等效电路分析方法，可采用图解法对其输出功率和效率等指标作粗略估算。

综上所述，对功率放大电路的主要要求就是安全、不失真、高效率地输出大功率。

5.1.2　功率放大电路工作状态分类

在功率放大电路中，还可以根据晶体管静态工作点的不同（输入信号导通状态的不同）来进行分类。功率放大电路按其晶体管导通时间的不同，可分为甲类、乙类、甲乙类、丙类等。

1. 甲　类

甲类功率放大电路的特征是在输入信号的整个周期内，晶体管均导通。

当 Q 点的选择使得晶体管在整个输入信号周期内都能导通，称为甲类功放，如图 5.1 所示。以前学习的基本放大电路都属于甲类功放。由于静态电流和静态管耗的存在，甲类功放的效率很低，理想情况下最高也只能达到 50%。

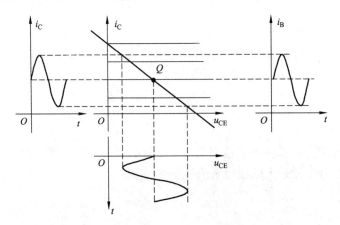

图 5.1　甲类功率放大电路的 Q 点设置及输入/输出波形示意图

2. 乙 类

乙类功率放大电路的特征是在输入信号的整个周期内，晶体管仅在半个周期内导通。

当 Q 点的选择使得晶体管只能在半个输入信号周期内能导通，称为乙类功放，如图 5.2 所示。它的特点是 $I_{BQ} = 0$，所以不加交流输入信号的时候没有静态管耗，这样乙类功放的效率可以做得很高，理想情况下最高能达到 78.5%。由于乙类功放中的三极管只能放大半个周期，所以乙类功放需要两个三极管来分别放大半个周期。

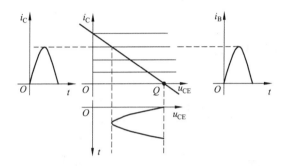

图 5.2　乙类功率放大电路的 Q 点设置及输入/输出波形示意图

3. 甲乙类

甲乙类功率放大电路的特征是在输入信号的整个周期内，晶体管导通时间大于半个周期而小于整个周期。

由于乙类功放 $I_{BQ} = 0$ 提高了效率，但是实际的三极管都存在截止区，Q 点会因此进入截止区，从而导致功放失去放大能力并且造成失真。因此，实际的 Q 点都选择在稍高于截止线上，使得晶体管在输入信号的大半个周期内导通，称为甲乙类功放，如图 5.3 所示。所以从本质上讲，甲乙类功放是乙类的改进型，是现实生活中的理想乙类功放。它的分析计算完全参照乙类功放。

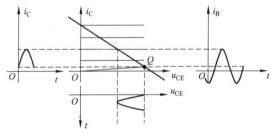

图 5.3　甲乙类功率放大电路的 Q 点设置及输入/输出波形示意图

4. 丙 类

丙类功率放大器的特征是在输入信号的整个周期内，晶体管导通时间小于半个周期，即导通角 θ 小于 π。

由于晶体管工作于丙类时其集电极电流将严重失真，在低频功率放大器中很难实现谐振回路进行选频，通常在实用的低频功率放大器中，不使用丙类放大器。

综上所述，功率放大电路也可按其晶体管在信号的整个周期内的导通角度划分为甲类、乙类、甲乙类、丙类等。

5.2 几种常见的功率放大电路

5.2.1 OCL 乙类互补对称功率放大电路

1. 电路组成和工作原理

乙类互补对称电路（无输出电容）的组成如图 5.4 所示。T_1、T_2 分别为 NPN 型和 PNP 型晶体管，要求 T_1 和 T_2 管特性对称，并且正负电源对称。

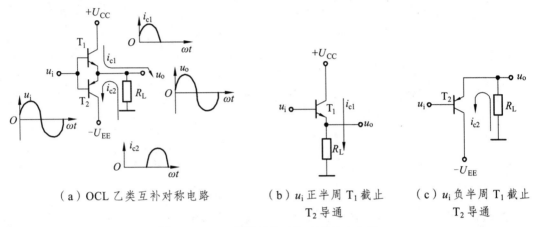

（a）OCL 乙类互补对称电路　　　　（b）u_i 正半周 T_1 截止　　　（c）u_i 负半周 T_1 截止
　　　　　　　　　　　　　　　　　　　　　T_2 导通　　　　　　　　　　T_2 导通

图 5.4　OCL 乙类互补对称功率放大电路

静态时，偏置电压 $I_{CQ} = 0$，损耗很小。动态时，正弦输入信号 u_i 的正半周期，T_1 导通 T_2 截止，T_1 输出负载电流的正半周期；u_i 的负半周期，T_1 截止 T_2 导通，T_2 输出负载电流的负半周期。通过两管轮流导通，负载得到一个较完整的正弦波，如图 5.5 所示。这种特性一致的两个管子轮流导通，互补对方不足的射极输出器，叫作互补对称电路。

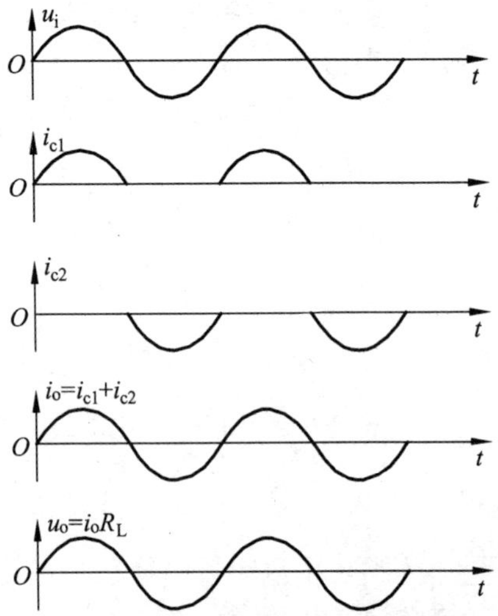

2. 性能指标估算

OCL 乙类互补对称功率放大电路的图解分析如图 5.6 所示。性能指标参数的分析，都要以输入正弦信号为前提，且能够忽略电路失真为条件。

为了简化分析，在大信号输入时，通常假定发射结电压大于零时三极管导通，小于零时三极管截止。静态时，$I_{C1Q} = I_{C2Q} = 0$，$U_{CE1Q} = U_{CE2Q} = U_{CC}$，输出电压为零。

动态时，在 u_i 的正半周，T_1 导通 T_2 截止，$u_o = -u_{ce1}$，$i_o = i_{c1}$。将 T_1 的输出特性画在 u_o-i_o 坐标系的第 I 象限，u_{ce1} 的轴向与 u_o 的轴向相反，i_{c1} 的轴向与 i_o 的轴向相同，静态工作点是 u_o-i_o 坐标系的原点，如图 5.6 所示。在 u_i 的负半周，T_2 导通 T_1 截止，$u_o = -u_{ce2}$，$i_o = -i_{c2}$。将 T_2 的输出特性画在 u_o-i_o 坐标系的第 III 象限，$-u_{ce1}$ 的轴向与 u_o 的轴向相同，i_{c2} 的轴向与 i_o 的轴向相反，静态工作点是 u_o-i_o 坐标系的原点。因为两个三极管特性一致，故负载线 AQB 为一条直线。由图 5.6 可以看出，输出电

图 5.5　电压和电流波形图

流、输出电压的最大允许变化范围分别为 $2I_{CM}$ 和 $2U_{CM}$，I_{CM} 和 U_{CM} 分别为集电极正弦电流和电压的振幅值。

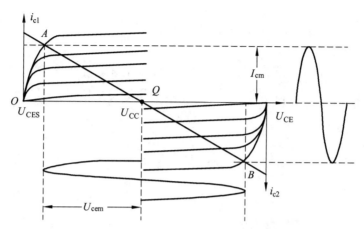

图 5.6　OCL 乙类互补对称功率放大电路的图解分析

（1）输出功率 P_o。

$$P_o = \frac{1}{2} I_{CM} U_{CM} \tag{5-4}$$

由图 5.6 可知，最大不失真输出电压

$$(U_{cem})_{max} = U_{CC} - U_{CES} \tag{5-5}$$

最大不失真输出电流

$$(I_{cm})_{max} = \frac{(U_{cem})_{max}}{R_L} \tag{5-6}$$

故最大不失真输出功率

$$P_{omax} = \frac{1}{2}(I_{cm})_{max}(U_{cm})_{max} = \frac{1}{2} \cdot \frac{(U_{cem})^2_{max}}{R_L} \approx \frac{U^2_{CC}}{2R_L} \tag{5-7}$$

（2）效率 η。

由式（5-3）定义可知，要求出效率，需求出电源供给功率 P_E。由于每个电源只供给半个周期的电流，所以两个电源供给的功率（即平均功率）为

$$P_E = 2U_{CC} \cdot \frac{1}{2\pi} \int_0^\pi I_{cm} \sin\omega t \, \mathrm{d}\omega t = \frac{2U_{CC} I_{cem}}{\pi} = \frac{2U_{CC} U_{cem}}{\pi R_L} \tag{5-8}$$

由式（5-3）可知：

$$\eta = \frac{P_o}{P_E} = \frac{\pi}{4} \cdot \frac{U_{cem}}{U_{CC}} \tag{5-9}$$

式（5-9）表明，输出信号达到最大不是在输出时效率最高。最大效率为

$$\eta_{max} \approx \frac{\pi}{4} \approx 78.5\%$$

（3）三极管损耗 P_T。

三极管的功率关系是：电源供给功率 P_E 等于输出功率 P_o 与损耗功率 P_T 之和。

$$P_T = P_E - P_o = \frac{2U_{cem}U_{CC}}{\pi R_L} - \frac{U_{cem}^2}{2R_L}$$

三极管损耗 P_T 是输出电压幅度 U_{cem} 的函数。为了正确地选择三极管，必须知道管子的最大损耗。当 $\frac{dP_T}{dU_{cem}} = 0$ 时，管耗 P_T 最大，即 $\frac{dP_T}{dU_{cem}} = \frac{2U_{CC}^2}{\pi R_L} - \frac{U_{cem}}{R_L} = 0$，发生在 $U_{cem} = \frac{2U_{CC}}{\pi}$ 处。则两管的最大管耗为

$$P_{Tmax} = \frac{4U_{CC}^2}{2\pi^2 R_L} = 0.4 P_{omax} \tag{5-10}$$

单管的最大管耗为

$$P_{T1max} = \frac{P_{Tmax}}{2} = 0.2P_{omax} \tag{5-11}$$

是最大输出功率的 0.2 倍。

前述分析可知，为了得到预期的最大输出功率 P_{omax}，晶体管的有关参数必须满足以下条件：

① 每管的最大允许损耗 $P_{CM} \geqslant 0.2P_{omax}$。

② 互补对称电路中，每管承受的最大集射电压为 $2U_{CC}$，所以管子击穿电压 $U_{CEO} > 2U_{CC}$。

③ 互补对称电路中管子的最大集电极电流为 $\frac{U_{CC}}{R_L}$，故三极管的 I_{CM} 不宜低于此值。

5.2.2　OCL 甲乙类互补对称功率放大电路

乙类 OCL 的效率虽然很高，但是它的 Q 点设置在坐标轴上，由于三极管截止区的存在，在靠近坐标轴附近，无论正半周还是负半周的输入信号都会产生一定程度的截止失真，从而导致输出信号的整体失真，这种现象称为交越失真，如图 5.7 所示。为了克服交越失真，需要对乙类 OCL 功放作一定的改进，变为如图 5.8 所示的甲乙类 OCL 功放。

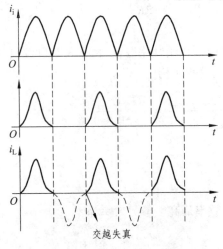

图 5.7　乙类 OCL 功放的交越失真

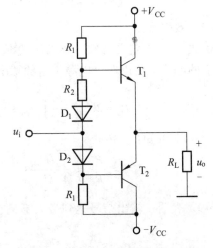

图 5.8　甲乙类 OCL 功率放大电路

静态时，在 R_2、D_1、D_2 上产生的压降为 T_1、T_2 提供一个适当的偏置电压，使之处于微导通状态，一般使得 Q 点稍高于截止线。这样导通角就稍大于 $180°$，乙类 OCL 功放就变成了甲乙类 OCL 功放。由于电路对称，静态时 $I_{CQ1} = I_{CQ2}$，使得负载 R_L 上依然没有静态电流，两管的发射极电位 $V_{EQ} = 0$。

动态时，由于交流输入为大信号，且二极管的交流电阻很小，所以两个管子还是像乙类 OCL 那样交替放大。

【例 5.1】 假设某 MP4 的输出端为乙类 OCL 功率放大电路，其电压大小为 3.6 V，耳机阻抗为 8 Ω，试求该电路的最大输出功率。如果换用 16 Ω 的耳机，则最大输出功率变为多少？

【解】

$$P_{o\max} = \frac{V_{CC}^2}{2R_L} = \frac{3.6^2}{2 \times 8} = 0.81 \ (\text{W})$$

$$P'_{o\max} = \frac{V_{CC}^2}{2R'_L} = \frac{3.6^2}{2 \times 16} = 0.405 \ (\text{W})$$

综上所述，在甲乙类互补对称电路中，为了避免降低效率，通常使静态时集电极电流很小，甲乙类 OCL 功放在静态时三极管处于微导通状态，即电路静态工作点 Q 的位置很低，导通电流很小，一般可以忽略，与乙类互补电路的工作情况相近。因此，OCL 甲乙类互补对称功率放大电路的输出功率和效率可近似采用 OCL 乙类互补对称功率放大电路的计算公式来进行估算。其性能指标的计算和乙类 OCL 功放一样。实际应用中，常常利用甲乙类 OCL 代替乙类 OCL。

5.2.3　OTL 甲乙类互补对称功率放大电路

OCL 互补对称功放电路具有效率高等很多优点，但是需要有正负两个电源，当仅有一路电源时，可采用单电源互补对称电路，如图 5.9（a）所示，这种电路又称为无输出变压器电路，即 OTL 电路。

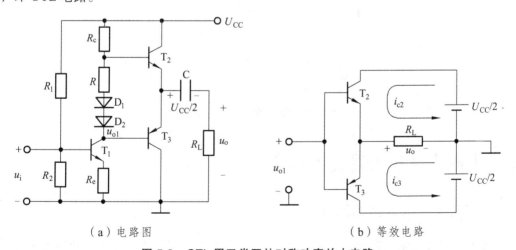

（a）电路图　　　　　　　　　　　　　（b）等效电路

图 5.9　OTL 甲乙类互补对称功率放大电路

图 5.9（a）所示电路中，T_2、T_3 两管的射极通过一个大电容 C 接到负载 R_L 上，二极管及 R 用来消除交越失真，向 T_2、T_3 提供偏置电压，使其工作在甲乙类状态。静态时，调整电路

使 T_2、T_3 的发射极节点电压为电源电压的一半，即 $\dfrac{U_{CC}}{2}$。当输入信号时，由于 C 上的电压维持 $\dfrac{U_{CC}}{2}$ 不变，可视为恒压源。这使得 T_2、T_3 的 c-e 回路的等效电源都是 $\dfrac{U_{CC}}{2}$，其等效电路如图 5.9（b）所示，可以看出，OTL 功放的工作原理与 OCL 功放相同。只要把图 5.6 中 Q 点的横坐标改为 $\dfrac{U_{CC}}{2}$，并用 $\dfrac{U_{CC}}{2}$ 取代 OCL 功放有关公式中的 U_{CC}，就可以估算 OTL 功放的各类指标。

5.2.4 采用复合管的互补功率放大电路

为了提高功率放大电路的输出功率和互补对称性的要求，通常采用由复合管组成的互补功率放大电路。如图 5.10 所示的图中 U_{CC} 与 U_{EE} 大小相等、方向相反。

图 5.10 中要求 T_2 和 T_3 既要互补又要对称，对于 NPN 型和 PNP 型两种大功率管来说，一般比较难以实现。但采用复合管后组成的 NPN 型（T_1T_3）和 PNP 型（T_2T_4）两种大功率管来说，就比较容易实现既要互补又要对称的电路要求。

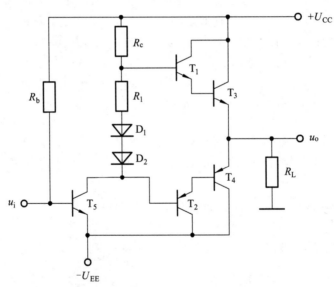

图 5.10 复合管互补对称电路

5.3 集成功率放大器及其应用

5.3.1 集成功率放大器的简介

随着线性集成电路的发展，集成功率放大电路的应用也日益广泛。集成功率放大器具有性能优异、稳定可靠、功能齐全、体积较小等优点。随着技术的进步，它的输出功率也不断扩大，可从 1 瓦到几十瓦，甚至上百瓦。

从它的电路组成结构来看，已经从一般的 OCL、OTL 发展到具有过压过流保护、负载短路保护、电源浪涌过冲电压保护、静噪抑制电路、电子滤波电路等特殊的附属电路，以保证集成功率放大器的多功能和稳定性。但其基本结构和组成是大致相同的，其组成方框图如图5.11 所示。

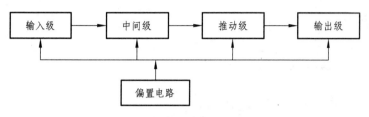

图 5.11 集成功率放大器组成方框图

其输入级常采用差动放大电路，以得到较高的信噪比和输入阻抗；中间级和推动级常采用以恒流源作有源负载的放大电路，以获得足够的增益；输出级常采用带有自举电容的互补对称电路形式，以扩大输出动态范围；偏置电路主要采用电流源电路，为各级放大电路提供静态偏置和有源负载。

集成功率放大器的应用非常简单，只需要按照集成电路厂家的说明接好电源、负载和少量的元件就可以工作了。因为在集成的时候设计者已经考虑好了各级电路的静态、动态以及相互级联的各个因素。使用者看不到三极管、电阻等具体元件，只能看到集成功率放大器的管脚。如图 5.12 所示的 LM386，它是一种国际通用型低压音频集成功率放大器。

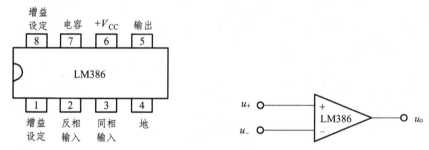

图 5.12 LM386 实际平面图和电路符号

5.3.2 集成功率放大器典型应用电路介绍

在电路符号中常常只标示两个输入端和一个输出端，但是在实际电路连接中 LM386 的 8 个管脚都必须作有效处理，它的典型用法如图 5.13 所示。

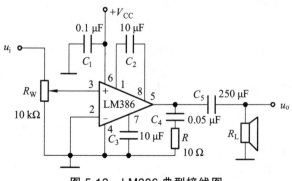

图 5.13 LM386 典型接线图

在图 5.13 中，它是作为一个甲乙类 OTL 功率放大器在使用，常常应用于收音机、对讲机等音频放大电路中。

5.4　实际应用电路举例

5.4.1　50 W 功率放大器

图 5.14 是 50 W 功率放大器的电路原理图。

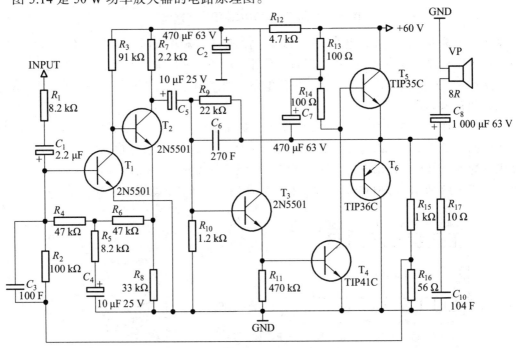

图 5.14　50 W 功率放大器的装配与调试

1. 功率放大器的工作原理

电路中只有 6 只三极管，由单电源供电。当 THD（谐波失真）为 1%、电源不稳压时连续输出功率为 50 W；当 THD 为 5%，电源稳压时动态输出功率为 60 W；当 THD 为 1%、电源稳压时动态输出功率为 60 W。在额定连续功率范围内，输入端无论短路或开路，交流声及噪声均小于 82.3 dB，此时灵敏度为 100 mV，输入阻抗为 8.2 Ω。

放大电路的功放级由互补对管射极跟随器构成，大环路的负反馈使驱动互补对管的信号保持在线性范围。该电路在结构上确保了两只功放管不同时导通，防止了对电源的短路。理想的晶体管应能迅速导通或截止，但是实际上三极管开关速度有限，大功率管尤其是这样。当输入互补对管的变化信号迅速翻转时，有可能使两只管子同时导通，造成过大的电流，为此，在选择互补功放对管时，应采纳开关速率与传输特性折中的方案，并在其输入端加入高频去耦电容。末前级三极管 T_4 工作于甲类状态，其静态集电极电流等于电源电压减去 T_5、T_6 基极公共端电位除以电阻（$R_{13} + R_{14}$）。为使该甲类放大器工作于最佳状态，应保持 R_{14} 中的电流恒定，因此加入了自举电容 C_7。

由于晶体管的存储效应，在高音频范围内，作为乙类放大器的 T_5、T_6 互补对管不再处于纯乙类状态。从 R_{15}、R_{16} 的公共点引入的直流负反馈为输入级建立了偏置电压，它使 T_5 流过很小的电流。T_5、T_6 的输出电压同时也为激励级建立了偏置。对 T_3 加入了交、直流负反馈，反馈深度决定于 R_9、R_{10} 的比值及 T_3 的 V_{beo}，当然 R_9、R_{10} 的比值也影响了 T_5、T_6 公共输出端的静态电位。交流负反馈使放大器具有较高的频率上限，带宽的稳定性决定于 T_1，T_1 通过引入的负反馈而稳定工作点。T_1 的输入电路为常见的直流耦合电路，调节 R_4、R_5 及 R_6 可使 T_1、T_2 工作于最佳状态。

大环路的负反馈决定于 R_{15}、R_{16} 的比值，本电路电压增益为 10 倍。为使负反馈能够起作用，输入电路中加入了隔离电阻 R_1。由于功放级处于乙类状态，仅在有信号时才有功耗，所以功放管的散热片可适当小一些。又由于省去了发射极电阻，因而减小了对电源的消耗，使功放管能够获得更高的工作电压。要想进一步提高输出功率，可将功放级改为甲乙类放大器，也可换用功率更大的三极管。

2. 元器件的选择

电路原理图中各晶体管的型号可用如下型号代替：

T_1、T_2、T_3：2SC2547E，可选用国产小功率硅 NPN 管 3DG12、3DK4 等来代替。T_4、T_5：2N3055，可选用国产大功率高反压硅管 PNP 管 3DD71，3DD12 等来代替。T_6：MJ2955，可选用国产大功率高反压硅 PNP 管 3CD10D 等来代替。

5.4.2 DG810 的典型应用

DG810 集成功率放大器具有输出功率大、噪声小、频带宽、工作电源范围宽，具有保护电路等优点，是通常使用的标准集成音频功率放大器。它由输入级、中间级、输出级、偏置电路及过压、过热保护电路等组成。

图 5.15 所示电路是 DG810 集成功放典型应用电路。图中 8 脚为信号输入端，C_1 为输入

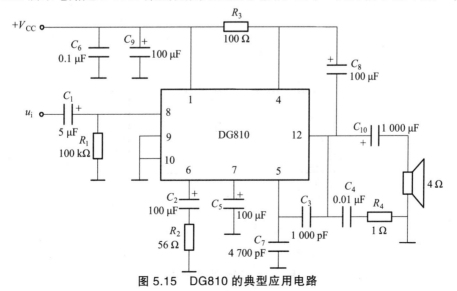

图 5.15 DG810 的典型应用电路

耦合电容，R_1 为输入管的偏置电阻以提供基极电流。6 脚到地之间所接 C_2，R_2 为交流反馈电路，选用不同阻值的 R_2，可得到不同的闭环增益。12 脚为输出端，C_{10} 为输出电容，用以构成 OTL 电路，R_4、C_4 为频率补偿电路，用以改善高频特性和防止高频自激。C_6、C_9 为滤波电容，用以消除电源纹波。C_3、C_5、C_7 为频率补偿电容，用以改善频率特性和消除高频自激。4 脚为自举端①，C_8 为自举电容。1 脚为电源端，工作电压 V_{CC} 可根据输出功率要求选用 + 6 ~ + 16 V，图 5.15 中 V_{CC} = 15 V，R_L = 4 Ω，输出功率可达 6 W。

5.4.3 LM386 的典型应用

LM386 电路简单，通用性强，是目前应用较广的一种小功率集成功放。它具有电源电压范围宽、功耗低、频带宽等优点，输出功率 0.3 ~ 0.7 W，最大可达 2 W。LM386 的内部电路原理图如图 5.16 所示，图 5.17 是其引脚排列图，封装形式为双列直插。

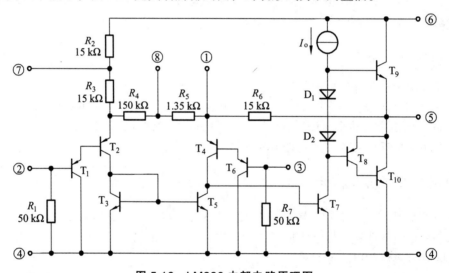

图 5.16 LM386 内部电路原理图

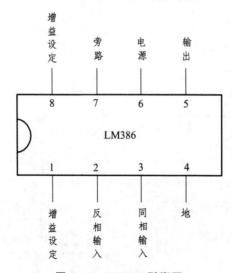

图 5.17 LM386 引脚图

与集成运放类似，它是一个三级放大电路。输入级为差分放大电路，中间级为共射放大电路，为 LM386 的主增益级，第三级为准互补输出级。引脚 2 为反向输入端，引脚 3 为相同输入端。电路由单电源供电，故为 OTL 电路。

应用时，通常在 7 脚和地之间外接电解电容组成直流电源去耦滤波电路；在 1、8 两脚之间外接一个阻容串联电路，构成差放管射极的交流反馈，通过调节外接电阻的阻值就可调节该电路的放大倍数。其中 1、8 两脚开路时，负反馈量最大，电压放大倍数最小，约为 20。1、8 两脚之间短路时或只外接一个大电容时，电压放大倍数最大，约为 200。

图 5.18 为 LM386 的典型应用电路。图中，接于 1、8 两脚的 C_2、R_1 用于调节电路的电压放大倍数。因 LM386 为 OTL 电路，所以需要在 LM386 的输出端接一个大电容，图中外接一个 200 μF 的耦合电容 C_4。C_5、R_2 组成容性负载，以抵消扬声

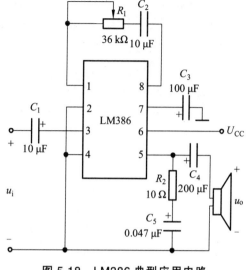

图 5.18　LM386 典型应用电路

器音圈电感的部分感性，防止信号突变时，音圈的反电动势击穿 C_3 与内部电阻 R_2 组成电源的去耦滤波电路。若电路的输出功率不大、电源的稳定性又好，则只需在输出端 5 外接一个耦合电容和 1、8 两端外接放大倍数调节电路就可以使用。LM386 广泛用于收音机、对讲机、方波和正弦波发生器等电子电路中。

本章小结

（1）功率放大电路要能向负载提供符合要求的交流功率，主要考虑的是失真要小，输出功率要大，三极管的损耗要小，效率要高。低频功率放大电路采用乙类互补对称功率放大电路或甲乙类互补对称功率放大电路工作状态来降低管耗，提高输出功率和效率。功放的主要技术指标是输出功率、管耗、效率和非线性失真等。功率放大电路的主要技术指标为：最大输出功率 P_{OM} 和效率 η。

（2）互补对称功率放大电路（OCL、OTL）是由两个管型相反的射极输出器组合而成；要求电路互补对称性高；三极管工作在大信号状态。

（3）集成功放的种类很多，其内部电路都包含有前置级、中间激励级、功率输出级以及偏置电路等，有的还包含完善的保护电路，使集成电路具有较高的可靠性。

思考与练习题

5.1　如图 5.19 所示，已知 $V_{CC} = V_{EE} = 20$ V，$R_L = 10$ Ω，晶体管的饱和压降 U_{CE}（sat）$\leqslant 2$ V，输入电压 u_i 为正弦信号。

（1）求最大不失真输出功率、电源供给功率、管耗及效率；

（2）当输入电压幅度 $U_{im}=10\ \text{V}$ 时，求输出功率、电源供给功率、管耗及效率；

（3）求该电路的最大管耗及此时输入电压的幅度。

5.2　如图 5.19 所示，已知 $V_{CC}=V_{EE}=6\ \text{V}$，$R_L=8\ \Omega$，输入电压 u_i 为正弦信号，设 T_1、T_2 的饱和压降可略去。试求最大不失真输出功率 P_{omax}、电源供给总功率 P_{DC}、两管的总管耗 P_C 及放大电路效率 η。

5.3　如图 5.20 所示，已知 $V_{CC}=V_{EE}=12\ \text{V}$，$R_L=50\ \Omega$，晶体管饱和压降 $U_{CE}(\text{sat})\leqslant 2\ \text{V}$。试求该电路的最大不失真输出功率、电源供给功率、管耗及效率。

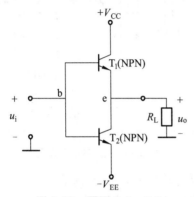

图 5.19　题图 5.1、5.2

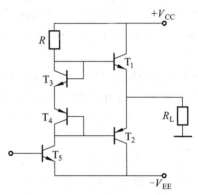

图 5.20　题图 5.3

5.4　如图 5.21 所示，试回答下列问题：

（1）$u_i=0$ 时，流过 R_L 的电流有多大？

（2）R_1、R_2、D_3、D_4 各起什么作用？

（3）若 D_3、D_4 中有一个接反，会出现什么后果？

（4）为保证输出波形不失真，输入信号 u_i 的最大幅度为多少？管耗为最大时，求 U_{im}。

5.5　如图 5.22 所示，为使电路正常工作，试回答下列问题：

（1）静态时电容 C 两端的电压是多大？如果偏离此值，应首先调节 R_{p1} 还是 R_{p2}？

（2）设 $R_{p1}=R=1.2\ \text{k}\Omega$，三极管 $\beta=50$，T_1、T_2 管的 $P_{CM}=200\ \text{mW}$，若 R_{p2} 或二极管断开时是否安全，为什么？

（3）为了调节静态工作电流，主要应调节 R_{p1} 还是 R_{p2}？

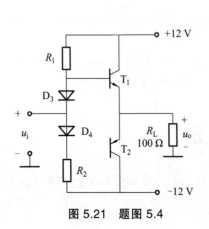

图 5.21　题图 5.4

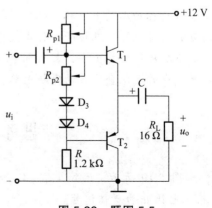

图 5.22　题图 5.5

5.6 在图 5.23 所示电路中，如何使输出获得最大正、负对称波形？若 T_3、T_5 的饱和压降 $U_{CE}(sat) = 1$ V，求该电路的最大不失真输出功率及效率。

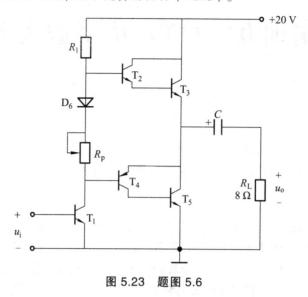

图 5.23 题图 5.6

实训九　OTL 功率放大器

一、实训目的

（1）理解 OTL 功率放大器的工作原理。

（2）学习 OTL 电路的调试及主要性能指标的测试方法。

二、实训原理

实训图 9.1 为 OTL 功率放大器。其中由三极管 T_1 组成推动级（也称前置放大级），T_2、T_3 是一对参数对称的 NPN 型和 PNP 型三极管，它们组成互补对称 OTL 功放电路。由于每一个三极管都接成射极输出形式，因此具有输出电路低、负载能力强等优点，适合于作功率输出级。T_1 工作在甲类状态，它的集电极电流 I_{C1} 由电位器 R_{p2} 进行调节。I_{C1} 的一部分流经电位器 R_{p3} 及二极管 D，给 T_2、T_3 提供偏压。调节 R_{p3}，可以使 T_2、T_3 得到合适的静态电流而工作于甲乙类状态，以克服交越失真。静态时要求输出端中点 A 的电位 $U_A = \frac{1}{2}U_{CC}$，可以通过调节 R_{p2} 来实现，由于 R_{p2} 的一端接在 A 点，因此在电路中引入交、直流电压并联负反馈，一方面能够稳定放大器的静态工作点，同时也改善了非线形失真。

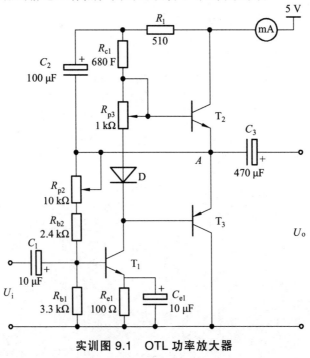

实训图 9.1　OTL 功率放大器

当输入正弦交流信号 u_i 时，经 T_1 放大、倒相后同时作用于 T_2、T_3 的基极，u_i 的负半周

使 T_3 管导通（T_2 管截止），有电流通过负载 R_L，同时向电容 C_3 充电，在 u_i 的正半周，T_2 导通（T_3 管截止），则已充好电的电位器 C_3 起着电源的作用，通过负载 R_L 放电，这样在 R_L 上就得到完整的正弦波。

C_2 和 R_1 构成自举电路，用于提高输出电压正半周的幅度，以得到大的动态范围。

1. 最大不失真输出功率 P_{om}

理想情况下，$P_{om} = \dfrac{1}{8} \cdot \dfrac{U_{CC}^2}{R_L}$，在实验中可通过测量 R_L 两端的电压有效值来求得实际的

$$P_{om} = \dfrac{U_o^2}{R_L}。$$

2. 效率 η

$$\eta = \dfrac{P_{om}}{P_E} \times 100\%$$

式中，P_E 为直流电源供给的平均功率。

理想情况下，$\eta_{max} = 78.5\%$。在实验中，可测量电源供给的平均电流 I_{DC}，从而求得 $P_E = U_{CC} I_{DC}$。

3. 输入灵敏度

输入灵敏度是指输出最大不失真功率时，输入信号 U_i 之值。

三、实训仪器

（1）数字万用表；
（2）示波器。

四、实训内容及步骤

注：测试过程中，注意不要有自激现象。
按实训图 9.1 连接电路。

1. 静态工作点的测试

（1）调节输出端中点电位 U_A。

调节电位器 R_{p2}，用直流电压表测量 A 点电位，使 $U_A = \dfrac{1}{2} U_{CC} = 2.5 \text{ V}$。

（2）调整输出极静态电流 I_C。
调节 R_{p3}，使 T_2、T_3 管的 $I_{C2} = I_{C3} = 10 \text{ mA}$。

2. 最大不失真输出功率 P_{om}

输入端接 $f = 1 \text{ kHz}$ 的正弦信号 u_i，输出端用示波器观察输出电压 u_o 的波形。逐渐增大 u_i，使输出电压达到最大不失真输出，用万用表电压挡测出负载 R_L 上的电压 U_{om}，填入实训表 9.1 中。

实训表 9.1

U_{om}	
$P_{om} = \dfrac{1}{2} \cdot \dfrac{U_{om}^2}{R_L}$	

3. 效率 η

当输出电压为最大不失真输出时，读出直流毫安表中的电流值，此电流即为直流电源供给的平均电流 I_{DC}（有一定误差）。由此可近似求得 $P_E = U_{CC} I_{DC}$，再根据上面测得 P_{om}，填入实训表 9.2。

实训表 9.2

P_{om}	
$P_E = U_{CC} I_{DC}$	
$\eta = \dfrac{P_{om}}{P_E} \times 100\%$	

4. 研究自举电路的作用

（1）测量有自举电路，观察 u_o 波形，并读出数据填入实训表 9.3 中。

（2）测量无自举电路，观察 u_o 波形，并读出数据填入实训表 9.3 中。

实训表 9.3

有自举时 u_o	
无自举时 u_o	

5. 试　听

将输入信号改为音乐片信号，输出端接喇叭及示波器。开机试听，并观察输出波形。

五、实训报告

（1）整理实验数据，理论值和实测值相比较。

（2）总结实验过程中遇到的问题与解决方法。

（3）写出实验心得（不少于 50 字）。

实训十 集成功率放大电路

一、实训目的

（1）熟悉集成功率放大器的特点。

（2）掌握集成功率放大器的主要性能指标及测量方法。

二、实训仪器

（1）数字万用表；

（2）信号发生器；

（3）示波器。

三、实训内容及步骤

按实训图 10.1 连接电路。不加信号时测静态工作电流。将电流表串入 + 12 V 电源，读出电流数值。

在输入端接 1 kHz 正弦信号，用示波器观察输出波形，逐渐增加输入电压幅度，直至出现失真为止。记录此时输出电压幅值，按要求完成实训表 10.1。

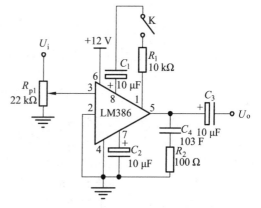

实训图 10.1 集成功率放大电路

实训表 10.1

U_{om}	
$P_{om} = \dfrac{1}{2} \cdot \dfrac{U_{om}^2}{R_L}$	
I_{DC}	
$P_E = U_{CC} I_{DC}$	
$\eta = \dfrac{P_{om}}{P_E} \times 100\%$	

四、实训报告

（1）整理实验数据，理论值和实测值相比较。

（2）总结实验过程中遇到的问题与解决方法。

（3）写出实验心得（不少于 50 字）。

6　直流稳压电源

在实际的电子电路中，通常都需要一个电压稳定的直流电源供电。小功率直流稳压电源的组成主要包括以下 4 个部分，如图 6.1 所示。

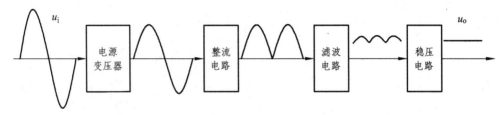

图 6.1　直流稳压电源组成框图

其中，电源变压器是将电网电压变为所需要的交流电压值；整流电路是将交流电压变为单向脉动的直流电压；滤波电路是将脉动电压变为变化比较平缓的直流电压；稳压电路是使输出电压基本不受电网电压波动和负载变化的影响，保证输出电压稳定。

本章首先介绍几种简单的整流滤波电路，然后讨论由分立元件组成的串联型稳压电路，最后介绍三端式集成稳压电路的应用。

6.1　整流滤波电路

整流电路主要是利用整流二极管的单向导电性，将交流电压变为单向脉动的直流电压。常见的整流电路有单相半波整流、全波整流、桥式整流和倍压整流电路。整流二极管与普通二极管相比，要求能够承受更大的电压和电流。本节主要介绍半波整流、全波整流和桥式整流电路。

6.1.1　整流电路

1. 半波整流

半波整流是最简单的一种整流电路，它只使用了一个整流二极管，其电路如图 6.2 所示。

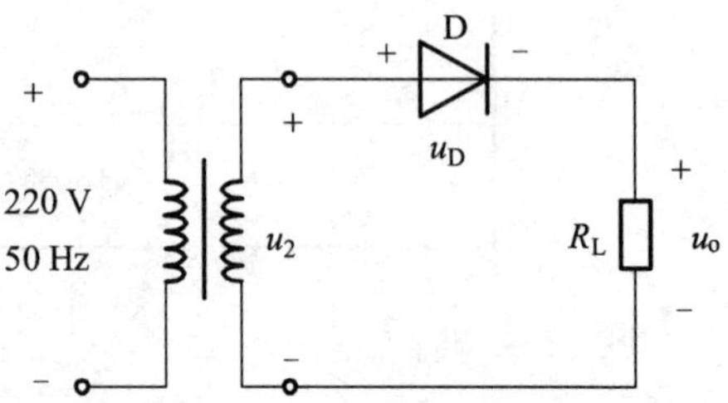

假设变压器副边电压的有效值为 U_2，其瞬时值为

图 6.2　半波整流电路

$u_2 = U_2\sin\omega t$。整流二极管视为理想二极管，即正向导通时短路处理，反向截止时开路处理。由图 6.2 可知，在 u_2 的正半周，二极管 D 正向导通，负载 R_L 得到 u_2 的正半周电压；在 u_2 的负半周，二极管 D 反向截止，负载 R_L 没有电压。其整流波形如图 6.3 所示。

由图 6.3 可知,半波整流后得到的是 u_2 的正半周电压,输出电压 u_o 变为一个脉动的直流电压,可用积分得到它的平均值:

$$u_o = \frac{1}{2\pi} \int_0^{2\pi} u_o \mathrm{d}\omega t$$

$$= \frac{1}{2\pi} \int_0^{\pi} \sqrt{2} U_2 \sin \omega t \mathrm{d}\omega t = \frac{\sqrt{2}}{\pi} U_2 \approx 0.45 U_2$$

此外,在半波整流过程中,二极管承受的最大反向电压 U_{RM} 等于 u_2 的振幅值,即

$$U_{RM} = \sqrt{2} U_2$$

这两个指标非常重要,输出电压的平均值可以衡量整流的效果,二极管的最大反向承受电压是选择整流二极管的一个重要依据。

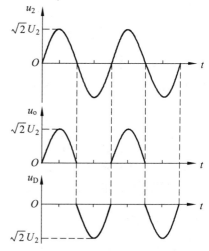

图 6.3 半波整流波形图

2. 全波整流

全波整流电路是在半波整流电路的基础上加以改进得到的,它是利用中心抽头的变压器与两个整流二极管配合,使两个二极管在正、负半周交替导通,而且二者流过负载 R_L 的电流方向一致,从而使正、负半周负载上均有输出电压。全波整流电路弥补了半波整流电路输出电压平均值过低、脉动过大的缺点,其电路如图 6.4 所示。图中给出了全波整流的两种常见画法,在实际电路中要注意识别。

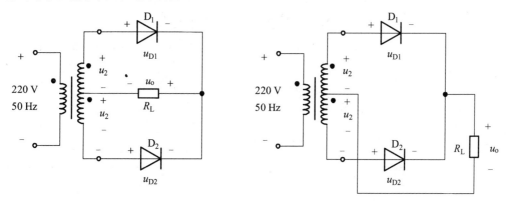

图 6.4 全波整流的两种画法

在 u_2 的正半周,二极管 D_1 正向导通、D_2 反向截止,电流从上到下流过负载,R_L 上得到 u_2 的正半周电压,其输出电压 u_o 的极性为上正下负;在 u_2 的负半周,二极管 D_1 反向截止、D_2 正向导通,但电流还是从上到下流过负载 R_L,输出电压 u_o 的极性仍为上正下负,其波形与正半周时相同。其整流波形图如图 6.5 所示。

由图 6.5 可知,全波整流将正、负半周都有效利用起来,输出电压的脉动明显下降,其平均值提高到半波整流时的 2 倍,即

$$u_o = \frac{1}{\pi} \int_0^\pi \sqrt{2} U_2 \sin \omega t \mathrm{d}\omega t = \frac{2\sqrt{2}}{\pi} U_2 \approx 0.9 U_2$$

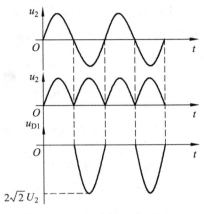

此外，在全波整流过程中，二极管承受的最大反向电压 U_{RM} 增大了，为半波整流时的 2 倍，即

$$U_{RM} = 2\sqrt{2} U_2$$

由此可见，全波整流虽然大大提高了直流输出电压的平均值，但是电路对整流二极管的要求提高了，而且还要求采用较为复杂的具有中心抽头的变压器。

图 6.5　全波整流波形图

3. 桥式整流

桥式整流电路继承了全波整流电路的优点，同时又克服了全波整流电路的缺点。它采用普通变压器与 4 只整流二极管配合工作，其电路如图 6.6 所示。

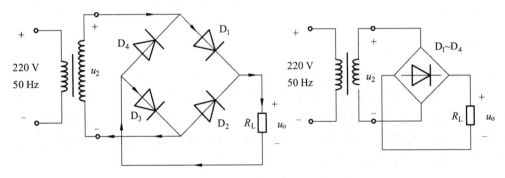

图 6.6　桥式整流的两种画法

在 u_2 的正半周，二极管 D_1、D_3 正向导通，D_2、D_4 反向截止，电流从上到下流过负载，R_L 上得到 u_2 的正半周电压，其输出电压 u_o 的极性为上正下负；在 u_2 的负半周，二极管 D_1、D_3 反向截止，D_2、D_4 正向导通，但电流还是从上到下流过负载 R_L，输出电压 u_o 的极性仍为上正下负，其波形与正半周时相同。其整流波形图如图 6.7 所示。

由图可知，桥式整流的效果与全波整流相同，输出电压的平均值和全波整流时一样，即

$$u_o = \frac{1}{\pi} \int_0^\pi \sqrt{2} U_2 \sin \omega t \mathrm{d}\omega t$$
$$= \frac{2\sqrt{2}}{\pi} U_2 \approx 0.9 U_2$$

不同的是，在桥式整流过程中，二极管承受的最大反向电压 U_{RM} 减小了，和半波整流时一样，即

$$U_{RM} = \sqrt{2} U_2$$

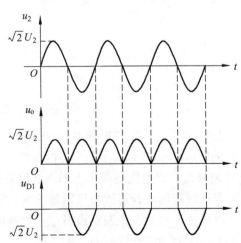

图 6.7　桥式整流波形图

可见，桥式整流以 4 只整流二极管的代价，提高了直流输出电压的平均值，降低了电路对整流二极管的要求，且无需中心抽头的变压器。因此，在实际电路中多采用桥式整流电路。

6.1.2　滤波电路

整流之后虽然得到了直流电压，但即使是桥式整流的直流输出电压依然是脉动的，其中包含许多交流成分，对大多数电子设备来说，还不能直接作为电源使用，需要去除其中的交流成分，这个工作称为滤波。

常见的滤波电路有电容滤波电路、电感滤波电路、复式滤波电路，它们主要是利用电容或电感的储能作用，把脉动电压中的交流成分滤掉。下面主要介绍在小功率电源中常用的电容滤波电路，其电路如图 6.8 所示。

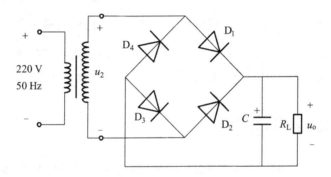

图 6.8　桥式整流 + 电容滤波电路

在整流电路的输出端并联一个电容就构成了电容滤波电路。滤波电容 C 容量较大，一般选用电解电容，在接线时需注意电解电容的正、负极。电容滤波电路主要是依靠电容的充、放电作用，使输出电压趋于平滑。

当 u_2 处于正半周且数值大于电容两端电压时，二极管 D_1、D_3 正向导通，电流一路流经负载，一路对电容 C 充电。此时电容 C 相当于并联在 u_2 上，所以输出波形同 u_2，如图 6.9 中的 ab 段。

当 u_2 上升到峰值后开始下降，电容 C 通过负载 R_L 放电，电容两端电压 u_c 开始逐渐下降，趋势与 u_2 基本相同，如图 6.9 中的 bc 段。

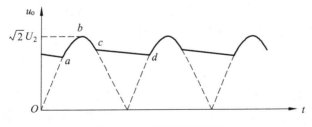

图 6.9　电容滤波波形图

但是由于 u_2 按照正弦规律变化，u_c 按照指数规律放电，所以当 u_2 下降到一定数值后，u_c

的下降速度会小于 u_2 的下降速度，使得 u_c 大于 u_2，从而导致二极管 D_1 或 D_2 反偏截止。此后，电容 C 将继续通过负载 R_L 放电，u_c 按照指数规律缓慢下降，如图 6.9 中的 cd 段。

当 u_2 的负半周幅值变化到恰好大于 u_c 时，二极管 D_2、D_4 正向导通，u_2 再次对电容 C 充电，u_c 上升到 u_2 的峰值后再次下降；下降到一定程度时，D_2、D_4 变为截止，电容 C 又通过负载 R_L 放电，u_c 按照指数规律下降；放电到一定数值时，D_1、D_3 变为导通，重复上述过程。具体滤波过程如图 6.9 所示。

需要指出的是，当电容充电时，回路电阻为整流电路的内阻，即变压器内阻和整流二极管的导通电阻，其阻值很小，导致充电时常数很小。当电容放电时，回路电阻为负载 R_L，其阻值较大，则放电时常数为 $R_L C$，通常远大于充电时常数。因此，滤波效果取决于放电时间。若电容 C 越大，负载 R_L 越大，即放电时常数 $R_L C$ 越大，电容放电就越缓慢，滤波后的输出电压就越平滑，其平均值就越大。

在实际电路中，为了获得较好的滤波效果，常常通过选择滤波电容使得放电时常数满足 $R_L C \geqslant (3 \sim 5) \dfrac{T}{2}$，其中 T 为电网电压的周期。此时，电容滤波电路输出电压的平均值可达到 $1.2U_2$，二极管的最大反向承受电压 U_{RM} 依然是 $\sqrt{2}U_2$。而电解电容的耐压值也应该大于 $\sqrt{2}U_2$，考虑到电网电压的波动范围为 10%，故大于 $1.1\sqrt{2}U_2$ 更为安全一些。

6.2　串联反馈稳压电路

对于一些要求不高的电路，整流滤波后的输出电压可以当作电源直接使用。但是当电网电压波动或负载变化时，整流滤波后的输出电压仍将随之发生变化。这对于大多数要求较高的电子设备，如精密的电子测量仪器、彩色电视机、频率合成器、计算机等，电压不稳都将影响其正常工作。为了能够提供更加稳定的直流电源，需要在整流滤波电路的后面再加上稳压电路。

常用的稳压电路有稳压管稳压电路、串联型稳压电路、集成稳压器、开关型稳压电路等。下面首先讨论比较简单的稳压管稳压电路，再介绍串联型稳压电路。

6.2.1　简单稳压电路

硅稳压二极管稳压电路如图 6.10 所示，它是利用稳压二极管的反向击穿特性来稳压的。在反向击穿区，流过稳压二极管的电流变化很大时，二极管两端的电压变化却很小。因此，如果把稳压管和负载并联在一起，就能在一定条件下保持输出电压基本不变。

假设电网电压没有波动，即整流滤波产生的输入电压 U_I 不变，当负载变化时的稳压过程如下：

若负载 R_L 减小，此时输出电压 U_o 来不及变化，负载电流 I_L 将增大，导致总电流 I_R 增大，限流电阻 R 上的压降增大，输出电压 U_o 将会减小。但由于稳压管并联在负载两端，当输出电压略有下降时，电流 I_Z 急剧减小，导致总电流 I_R 也减小，即 I_L 的增大被 I_Z 的减小抵消，所以总电流 I_R 基本不变，使得输出电压 U_o 基本稳定不变。

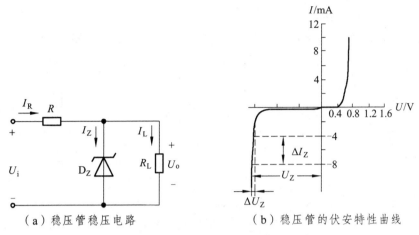

（a）稳压管稳压电路　　　　　　（b）稳压管的伏安特性曲线

图 6.10　稳压管稳压电路及伏安特性

假设负载不变化，当电网电压波动引起输入电压 U_i 变化时的稳压过程如下：

若电网电压升高导致输入电压 U_i 升高，输出电压 U_o 由于分压也势必增大。但由于稳压管并联在负载两端，当输出电压略有上升时，电流 I_Z 急剧增大，导致总电流 I_R 也增大，则限流电阻上的压降随之增大，即 U_i 的增大被 U_R 的增大抵消，所以输出电压 U_o 基本稳定不变。

综上所述，稳压管实际上是依靠调节自身的电流 I_Z 和限流电阻 R 上的压降来实现稳压的。如果限流电阻 R 太大，则 I_R 很小，当 I_L 因负载减小而增大时，I_Z 可能减小到 I_{Zmin} 以下，从而失去稳压作用；如果限流电阻 R 太小，则 I_R 很大，当 I_L 因负载增大而减小时，过多的电流分向稳压管支路，I_Z 可能增大到 I_{Zmax} 以上，也会失去稳压作用。所以，限流电阻 R 的阻值必须选择适当，才能保证在电网电压波动或负载变化时，很好地实现稳压作用。

设稳压管的正常稳压值为 U_Z，其最大、最小工作电流分别为 I_{Zmax} 和 I_{Zmin}，输入电压的最大、最小值分别为 U_{Imax} 和 U_{Imin}，负载电流的最大、最小值分别为 I_{Lmax} 和 I_{Lmin}，则限流电阻 R 必须满足下列条件：

$$\frac{U_{Imax}-U_Z}{I_{Zmax}+I_{Lmin}} < R < \frac{U_{Imin}-U_Z}{I_{Zmin}+I_{Lmax}}$$

稳压管的稳压作用受其工作电流动态范围太小的束缚，且电路的输出电压由稳压管的型号决定，所以应用范围较窄，适合输出电压无需调节、电网电压波动较小、负载电流较小的情况下使用。

6.2.2　串联型稳压电路

串联型稳压电路就是在输入电压和负载之间串联一个调整三极管，当电网电压波动或负载变化引起输出电压变化时，依靠三极管 U_{CE} 的调整作用保持输出电压基本稳定。由分立元件组成的串联型稳压电路如图 6.11 所示。

1. 电路组成

（1）取样电路。

由电阻 R_1、R_2、R_3 组成，负责对输出电压进行取样。

（2）基准电压产生电路。

由限流电阻 R_Z 和稳压管 D_Z 组成，负责产生一个适当的基准比较电压。

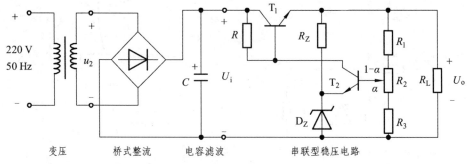

图 6.11 串联型稳压电路

（3）比较放大电路。

以三极管 T_2 为核心的放大电路，负责放大取样电压和基准电压之差。

（4）调整管电路。

以三极管 T_1 为核心的调整放大电路，负责稳定输出电压，T_1 一般为大功率管。

2. 稳压原理

假设负载 R_L 增大或电网电压波动造成 U_I 增大时，此时 T_1 还来不及调整，输出电压 U_o 势必增大，取样电压 U_{BQ2} 随之增大。由于 T_2 管基极电位 U_{EQ2} 受稳压管控制保持 U_Z 不变，所以 U_{BEQ2} 增大。若将三极管 T_2 此时看成是一个基极输入、集电极输出的共发射极反相放大器，则 U_{CEQ2} 将减小，即 U_{CQ2} 减小，也即 U_{BQ1} 减小。对于三极管 T_1 而言，U_{BQ1} 减小、U_{EQ1}（U_o）增大，意味着 U_{BEQ1} 减小，而 T_1 此时也可以看成一个反相放大器，所以 U_{CEQ1} 增大。又由于 $U_o = U_i - U_{CEQ1}$，所以输出电压将会因为调整管的调整而保持稳定不变。这实际上是一个电压负反馈的过程。

3. 输出电压的调节范围

在上述稳压过程中，不难发现 $\dfrac{\alpha R_2 + R_3}{R_1 + R_2 + R_3} U_o - U_{BEQ2} = U_Z$，忽略 U_{BEQ2}，可得 $\dfrac{\alpha R_2 + R_3}{R_1 + R_2 + R_3} U_o = U_Z$，即

$$U_o = \frac{R_1 + R_2 + R_3}{\alpha R_2 + R_3} U_Z$$

调节电位器 R_2 的滑片，α 可在 $0 \sim 1$ 取值。

当 R_2 的滑片调至最上端时，$\alpha = 1$，输出电压取得最小值，即

$$U_{o\min} = \frac{R_1 + R_2 + R_3}{R_2 + R_3} U_Z$$

当 R_2 的滑片调至最下端时，$\alpha = 0$，输出电压取得最大值，即

$$U_{o\,\text{max}} = \frac{R_1 + R_2 + R_3}{R_3} U_Z$$

可见，串联型稳压电路的输出电压具有一定的动态范围，可以通过调整取样电阻或稳压管的型号来满足不同的实际需求。

在稳压过程中，如果比较放大电路的电压放大倍数很大，那么只要取样电路捕捉到输出电压产生一点微小的变化，就能立即引起调整管的基极电压发生较大的变化，从而导致调整管的管压降 U_{CE} 迅速变化，最终提高稳压的精度和反应速度。因此，在实际电路中常常用集成运放来作比较放大电路，其典型电路如图 6.12 所示。

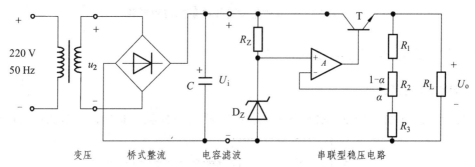

图 6.12 集成运算放大器组成的串联型稳压电路

6.3 集成稳压电路

随着集成技术的发展，稳压电路也迅速集成化。集成稳压器具有体积小、可靠性高、温度性能好、使用方便等优点。

集成稳压器按其引出端分类，可分为三端固定式、三端可调式、多端可调式。三端固定式集成稳压器，其输出电压固定不变，整个芯片只有 3 个端子，即输入端、输出端、公共端，基本上不需外接元件就可以使用，而且内部还具有限流保护、过热保护、过压保护电路，使用安全、可靠、方便，因此应用非常广泛。

三端固定式集成稳压器，又可分为正电压输出和负电压输出两大类，一般以 W78×× 系列表示三端固定式正输出集成稳压器，W79×× 系列表示三端固定式负输出集成稳压器。下面简单介绍其应用。

6.3.1 三端式集成稳压电路

图 6.13 中 W7805 表示 + 5 V 输出的三端固定式集成稳压器，即 $U_o = + 5$ V。输入端的电容 C_1 主要是为了改善纹波电压，一般取 0.33 μF。输出端的电容 C_2 主要是为了改善稳态响应，一般取 0.1 μF。如果输出电压比较高，还应该在输入端与输出端之间跨接一个保护二极管。其作用是当输入端不小心被短路时，C_2 可以通过二极管放电，以保护集成稳压器内部的调整管等电路。

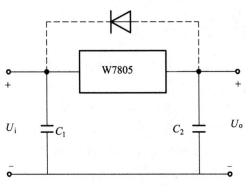

图 6.13　三端式集成稳压器基本应用电路

6.3.2　三端式集成稳压电路的扩展

1. 扩展输出电压

三端式固定集成稳压器的输出电压其实可以通过外部电路来扩展，电路如图 6.14 所示。

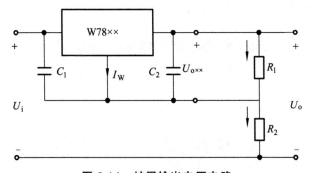

图 6.14　扩展输出电压电路

图中，U_{oxx} 为 W78×× 系列的额定输出电压，I_W 为三端式集成稳压器的静态电流（约为 5 mA），与输出端的大电流相比一般可忽略不计。

由图 6.14 可得 $\dfrac{U_{oxx}}{R_1} = \dfrac{U_o}{R_1 + R_2}$，即

$$U_o = \frac{R_1 + R_2}{R_1} U_{oxx} = \left(1 + \frac{R_2}{R_1}\right) U_{oxx}$$

这种方法提供输出电压的电路简单，但是稳定性有所降低。

2. 输出电压连续可调

图 6.15 中 A 处于线性应用状态，所以 W78×× 的输出端与集成运放 A 的同相输入端之间的电压为 U_{oxx}，可得 $\dfrac{U_{oxx}}{R_1 + (1-\alpha)R_2} = \dfrac{U_o}{R_1 + R_2 + R_3}$，即

$$U_o = \frac{R_1 + R_2 + R_3}{R_1 + (1-\alpha)R_2} U_{oxx}$$

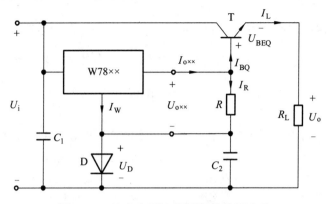

图 6.15　输出电压连续可调的稳压电路

调节电位器 R_2 的滑片，α 可在 $0 \sim 1$ 取值。

当 R_2 的滑片调至最上端时，$\alpha = 1$，输出电压取得最大值，即

$$U_{\text{omax}} = \frac{R_1 + R_2 + R_3}{R_1} U_{\text{o}\times\times}$$

当 R_2 的滑片调至最下端时，$\alpha = 0$，输出电压取得最小值，即

$$U_{\text{omin}} = \frac{R_1 + R_2 + R_3}{R_1 + R_2} U_{\text{o}\times\times}$$

可见，该电路的输出电压在 $U_{\text{omin}} \sim U_{\text{omax}}$ 连续可调，而且避免了忽略静态电流 I_{W} 带来的误差。

3. 扩展输出电流

若所需电流大于稳压器的额定值时，可采用外接电路扩展输出电流。图 6.16 为实现扩展输出电流的一种电路。

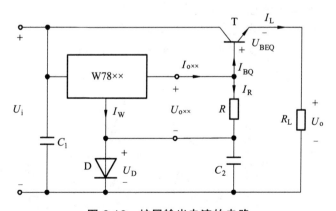

图 6.16　扩展输出电流的电路

图中，$U_{\text{o}} = -U_{\text{BEQ}} + U_{\text{o}\times\times} + U_{\text{D}}$，理想情况下可利用二极管的导通电压抵消三极管发射结的电压 U_{BEQ}，则 $U_{\text{o}} = U_{\text{o}\times\times}$。

电路的输出电流 $I_L = (1+\beta)I_{BQ} = (1+\beta)(I_{oxx} - I_R) = (1+\beta)\left(I_{oxx} - \dfrac{U_{oxx}}{R}\right)$，如果 $I_{oxx} \gg \dfrac{U_{oxx}}{R}$，则有 $I_L \approx (1+\beta)I_{oxx} \approx \beta I_{oxx}$。由此可见，三端式集成稳压器的输出电流被扩展了 β 倍。

本章小结

电子设备要求供电直流电源稳定，因此需要直流稳压电源。小功率直流稳压电源一般分为 4 个组成部分，即电源变压器、整流电路、滤波电路、稳压电路。

本章还介绍了半波整流、全波整流、桥式整流、电容滤波电路的组成以及各自的特点，其中有两个参数特别重要。表 6.1 为各类整流滤波电路性能指标对照表。

表 6.1　各类整流滤波电路性能指标对照表

类别 项目	半波整流	全波整流	桥式整流	桥式整流 + 电容滤波
u_o 输出电压平均值	$0.45U_2$	$0.9U_2$	$0.9U_2$	$1.2U_2$
U_{RM} 二极管最大反向承受电压	$\sqrt{2}U_2$	$2\sqrt{2}U_2$	$\sqrt{2}U_2$	$\sqrt{2}U_2$

稳压电路介绍了简单稳压管稳压电路、串联型稳压电路、三端式集成稳压器的组成及其简单应用电路。

思考与练习题

6.1　画出小功率直流稳压电源的组成方框图，并简述各部分电路的作用。

6.2　常见的整流电路有哪些？

6.3　常见的滤波电路有哪些？

6.4　如图 6.17 所示。已知变压器副边电压有效值 $U_2 = 50\,\text{V}$。在电路调试过程中用直流电压表测量 U_o，得到 4 种不同结果，数值分别为：（a）60 V；（b）22.5 V；（c）45 V；（d）70.7 V。

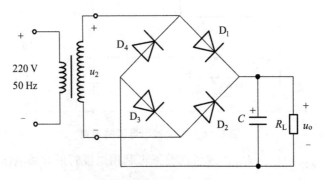

图 6.17　桥式整流 + 电容滤波

　　试分析哪一个数值表示电路工作状况是正常的？其余几个数值不正常，又是什么原因造成的？

　　6.5　画出串联型直流稳压电路的组成方框图，并简述各部分电路的作用。

　　6.6　图 6.18 所示的稳压管稳压电路中，已知 $U_Z = 9$ V。稳压管的参数为 $I_{Zmax} = 26$ mA，$I_{Zmin} = 5$ mA，$R_L = 5$ Ω，负载电流 I_L 在 $0 \sim 10$ mA 变化，U_I 的标称值为 15 V，其变化范围为 ±10%。试确定限流电阻 R 的阻值。

　　6.7　由运算放大器组成的稳压电路如图 6.19 所示。已知 $U_i = 15$ V，$R_1 = 1$ kΩ，$R_2 = 10$ kΩ，$U_Z = 6$V。求输出电压 U_o 分别为 -3 V、-6 V、-9 V 时所需的 R_3 值。

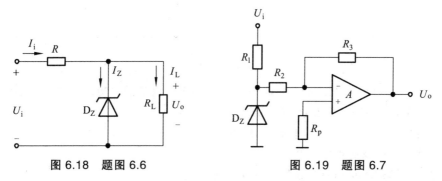

图 6.18　题图 6.6　　　　　　图 6.19　题图 6.7

　　6.8　串联稳压电路如图 6.20 所示，已知稳压管 $U_Z = 6.7$ V，三极管 T_2 的 $U_{BEQ2} = 0.3$ V，$R_1 = 1$ kΩ，$R_2 = 0.5$ kΩ，$R_3 = 1$ kΩ。试求 U_o 的调整范围。

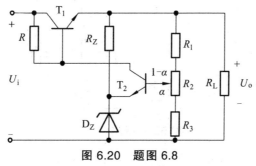

图 6.20　题图 6.8

　　6.9　试描述图 6.20 中当输入电压 U_i 减小和负载电阻 R_L 增大两种情况下，电路稳压的过程。

　　6.10　图 6.21 所示串联稳压电路中，已知 $U_Z = 5.4$ V，$R_1 = 2$ kΩ，$R_2 = 3$ kΩ，$R_3 = 1.2$ kΩ。试标明集成运放的同相输入端和反相输入端，并求输出电压 U_o 的值。

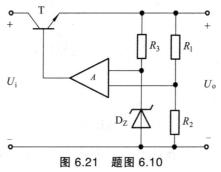

图 6.21　题图 6.10

6.11　如图 6.22 所示，集成稳压器 7824 输出电压 $U_{oxx} = 24\text{ V}$，$R_1 = 3\text{ k}\Omega$，$R_2 = 2\text{ k}\Omega$，$R_3 = 1\text{ k}\Omega$。求 U_o 的变化范围。

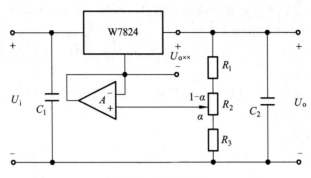

图 6.22　题图 6.11

6.12　串联稳压电路如图 6.23 所示，若 $U_i = 24\text{ V}$，稳压管的稳压值 $U_Z = 5.3\text{ V}$，三极管 T_2 的 $U_{BEQ} = 0.7\text{ V}$，T_1 的饱和压降 U_{CES} 为 1 V，$R_1 = R_2 = R_3$。

（1）叙述当输入电压 U_i 减小时的稳压原理。

（2）计算输出电压的调节范围。

（3）当电位器调至中间位置时，估算输出电压的值。

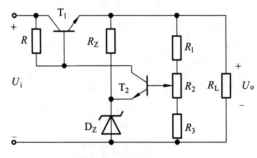

图 6.23　题图 6.12

6.13　如图 6.24 所示，已知稳压器 W7805 的输出电压为 5 V，$R_1 = R_3 = R$，$R_2 = R/2$。说明 C_1、C_2 的作用，并求输出电压的调节范围。

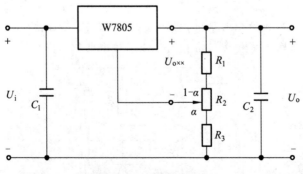

图 6.24　题图 6.13

6.14　如图 6.25 所示，已知稳压器 W7909 的输出电压为 -9 V，$R_1 = R_3 = R$，$R_2 = R/2$。

求输出电压的调节范围。

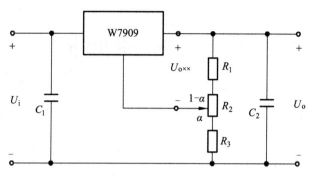

图 6.25　题图 6.9

6.15　如图 6.26 所示。已知 $R_1 = R_2 = R_3 = 1\ \text{k}\Omega$，稳压管 D_Z 提供的基准电压 $U_Z = 6\ \text{V}$，变压器副边电压的有效值 $U_2 = 25\ \text{V}$，$C = 1\ 000\ \mu\text{F}$。

（1）求整流滤波后的 U_i、最大输出电压 U_{omax} 及最小输出电压 U_{omin}。

（2）指出 U_o 输出为最大和最小值时，R_2 滑动端分别在什么位置。

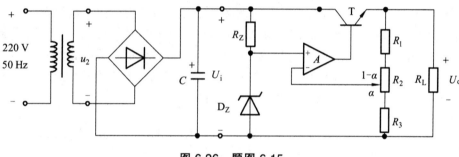

图 6.26　题图 6.15

6.16　用三端式集成稳压器 W78×× 组成的输出电压可调的稳压电路如图 6.27 所示。

（1）求输出电压的最大值 U_{omax}，并说明 R_2 调在什么位置时取得。

（2）求输出电压的最小值 U_{omin}，并说明 R_2 调在什么位置时取得。

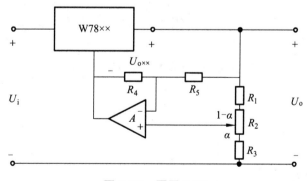

图 6.27　题图 6.16

实训十一　整流滤波电路

一、实训目的

（1）通过实验，进一步掌握整流、滤波电路的工作原理。

（2）通过实际电路的连接，加深对整流、滤波电路各种连接方法的理解。

（3）学习测量整流、滤波电路的输出电压及其波纹电压。

二、实训原理

电子设备一般都需要直流电源供电。这些直流除了少数直接利用干电池和直流发电机外，大多数是采用把交流电（市电）转变为直流电的直流稳压电源。

直流稳压电源由电源变压器、整流、滤波和稳压电路 4 部分组成，其原理框图如实训图 11.1 所示。电网供给的交流电压 u_1（220 V，50 Hz）经电源变压器降压后，得到符合电路需要的交流电压 u_2，然后由整流电路变换成方向不变、大小随时间变化的脉动电压 u_3，再用滤波器滤去其交流分量，就可得到比较平直的直流电压 u_4。但这样的直流输出电压，还会随交流电网电压的波动或负载的变化而变化。在对直流供电要求较高的场合，还需要使用稳压电路，以保证输出电流、电压更加稳定。

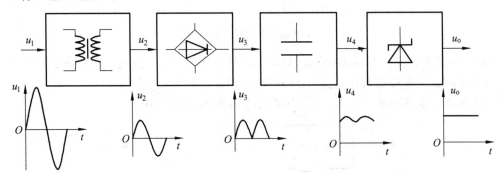

实训图 11.1　直流稳压电源原理框图

三、实训仪器

（1）万用表；

（2）示波器。

四、实训内容及步骤

1. 单相半波整流

按实训图 11.2 接线，给输入端加 17 V 交流电压，在负载上用示波器观测输出波形，直接从示波器上读出负载上的纹波电压大小 U_{o1} = _____，并记录输出波形。

2．单相全波整流

按实训图 11.3 正确接线，给输入端加双 17 V 交流电压，用示波器观测输出波形，直接从示波器上读出负载上的纹波电压大小 $U_{o2} =$ _____，并记录输出波形。

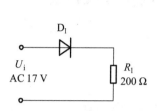 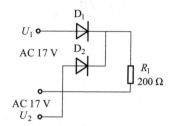

实训图 11.2 单相半波整流电路　　**实训图 11.3 单相全波整流电路**

3．单相桥式整流电路

按实训图 11.4 正确接线，给输入端加 17 V 交流电压，由于二极管的单向导电性，当 D_1、D_4 正向偏置而导通时，D_2、D_3 因反偏而截止，反之亦然，用示波器观测负载输出波形，直接读出负载上的纹波电压大小（或用毫伏表交流挡测量负载上的纹波电压）$U_{o3} =$ _____，并记录输出波形。

4．电容滤波电路

按实训图 11.5 正确接线，整流电路采用桥式整流，给输入端加上 17 V 交流电压，在负载上用示波器观测并记录输出波形。

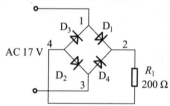 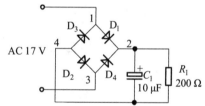

实训图 11.4 单相桥式整流电路　　**实训图 11.5 电容滤波电路**

5．∏ 形滤波电路

按实训图 11.6 正确接线，给输入端加 17 V 交流电压，在负载上用示波器观测并记录输出端波形。

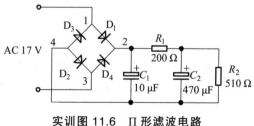

实训图 11.6 ∏ 形滤波电路

五、实训报告

总结实验过程中遇到的问题与解决方法（不少于 50 字）。

实训十二　串联稳压电路

一、实训目的

（1）研究稳压电源的主要特性，掌握串联稳压电路的工作原理。

（2）学会稳压电源的测试及测量方法。

二、实训原理

实训图 12.1 为串联稳压电路，它包括 4 个环节：调压环节、基准电压、比较放大器和取样电路。

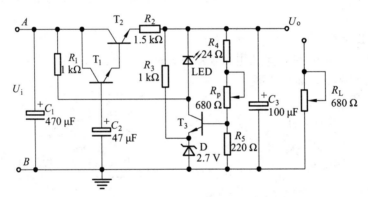

实训图 12.1　串联稳压电路

当电网电压或负载变动引起输出电压 U_o 变化时，取样电路取输出电压 U_o 的一部分送入比较放大器与基准电压进行比较，产生的误差电压经放大后去控制调整管的基极电流，自动改变调整管的集-射极间电压，补偿 U_o 的变化，使维持输出电压基本不变。稳压电源的主要指标如下：

1. 特性指标

（1）输出电流 I_L（即额定负载电流）。它的最大值决定于调整管最大允许功耗 P_{cm} 和最大允许电流 I_{cm}。要求：$I_L(U_{imax} - U_{omin}) \leq P_{cm}$，$I_L \leq I_{CM}$，式中，$U_{imax}$ 是输入电压最大可能值，U_{omin} 是输出电压最小可能值。

（2）输出电压 U_o 和输出电压调节范围。在固定的基准电压条件下，改变取样电压比就可以调节输出电压。

2. 质量指标

（1）稳压系数 S。

当负载和环境温度不变时，输出直流电压的相对变化量与输入直流电压的相对变化量之

比值定义为 S，即

$$S = \frac{\Delta U_o / U_o}{\Delta U_i / U_i} \bigg|_{\substack{\Delta I_L = 0 \\ \Delta T = 0}}$$

通常稳压电源的 S 为 $10^{-2} \sim 10^{-4}$。

（2）动态内阻 r_o。

假设输入直流电压 U_i 及环境温度不变，由于负载电流 I_c 变化 ΔI_L 引起输出直流电压变化 ΔU_o，两者之比值称为稳压器的动态内阻，即

$$r_o = \frac{\Delta U_o}{\Delta I_L} \bigg|_{\substack{\Delta U_i = 0 \\ \Delta T = 0}}$$

从上式可知，r_o 越小，则负载变化对输出直流电压的影响越小，一般稳压电路的 r_o 为 $10^{-2} \sim 10\ \Omega$。

（3）输出纹波电压是指 50 Hz 和 100 Hz 的交流分量，通常用有效值或峰峰值来表示，即当输入电压 220 V 不变，在额定输出直流电压和额定输出电流的情况下测出的输出交流分量，经稳压作用可使整流滤波后的纹波电压大大降低，降低的倍数反比于稳压系数 S。

三、实训仪器

（1）直流电压表；

（2）示波器；

（3）数字万用表。

四、实训内容

1. 测量输出电压调节范围

（1）看清楚实验电路板的接线，查清引线端子。

（2）按实训图 12.1 接线，负载 R_L 开路，即稳压电源空载。

（3）将 0 ～ + 20 V 电压调到 9 V，接到 U_i 端。再调电位器 R_p，记录 U_o 的最大和最小值，并填入实训表 12.1 中。

实训表 12.1

U_i	U_{omin}	U_{omax}

2. 测稳压特性

使稳压电源处于空载状态；模拟电网电压波动 ±10%，调可调电源，即 U_i 由 8 V 变到 10 V，测输出电压 U_o，并填入实训表 12.2 中。

实训表 12.2

电 压	U_o	ΔU_o
$U_i = 8$ V		
$U_i = 10$ V		

计算稳压系数 $S = \dfrac{\Delta U_\text{o}/U_\text{o}}{\Delta U_\text{i}/U_\text{i}}$。

3. 测输出电阻

$U_\text{i} = 9\,\text{V}$ 保持不变。

（1）负载空载时（$R_\text{L} = \infty$），$I_\text{L} = 0$，测输出电压 U_o；

（2）接入负载，测量 I_L 和 U_o 的值，填入实训表 12.3 中。

实训表 12.3

电　阻	I_L	U_o
$R_\text{L} = \infty$	0	
$R_\text{L} \neq \infty$		

计算输出电阻 $R_\text{o} = \dfrac{\Delta U_\text{o}}{\Delta I_\text{L}}$。

五、实训报告

（1）对静态测试及动态测试进行总结。

（2）写出实验心得（不少于 50 字）。

实训十三　集成三端稳压电源

一、实训目的

（1）通过实际连接电路，加深对三端稳压器原理的理解。

（2）学会使用三端稳压器及测试三端稳压电源的主要指标。

二、实训原理

随着半导体工艺的发展，稳压电路也制成了集成器件。由于集成稳压器具有体积小，外接线路简单、使用方便、工作可靠和通用性等特点，因此在各种电子设备中应用十分普遍，基本上取代了由分立元件构成的稳压电路。集成稳压器的种类很多，应根据设备对直流电源的要求来进行选择。对于大多数电子仪器、设备和电子电路来说，通常是选用串联线性集成稳压器。而在这种类型的器件中，又以三端式稳压器应用最为广泛。

实训图 13.1 为可调输出正三端稳压器 317 外形引脚图及接线图。

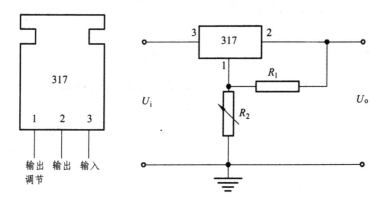

实训图 13.1　317 外形、引脚图及接线图

输出电压计算公式：

$$U_o \approx 1.25\left(1+\frac{R_2}{R_1}\right)U_i$$

最大输入电压：

$$U_{i\,max} = 40\ \text{V}$$

输出电压范围：

$$U_o = 1.2 \sim 37\ \text{V}$$

实训图 13.2 为 78×× 系列的外形引脚图及接线图。

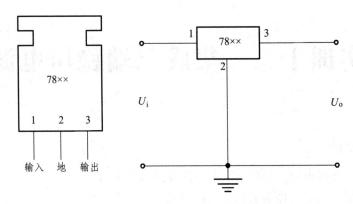

实训图 13.2　78××系列外形、引脚图及接线图

实训图 13.3 为 79×× 系列的外形引脚图及接线图。

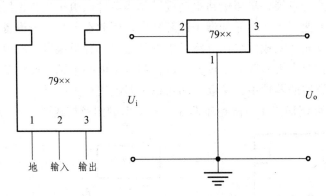

实训图 13.3　79××系列外形、引脚图及接线图

三、实训仪器

（1）数字万用表；
（2）直流电压表。

四、实训内容及步骤

按实训图 13.4 连接。将 0~+20 V 可调直流电压调到 9 V，接到 U_i 端，测出输出电压 U_o 的值。

五、实训报告

（1）分析在调试过程中出现的问题及解决方法。
（2）写出实验心得（不少于 50 字）。

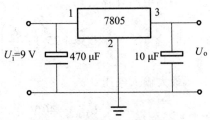

实训图 13.4　电路图

附录　扩音机的装配与调试

随着电子技术的发展，音箱越来越被人们的关注和使用。音响是将电信号还原成声音信号的一种装置，还原真实性将作为评价音箱性能的重要标准。有源音箱就是带有功率放大器的音箱系统。把功率放大器与扬声器系统做成一体，构成一套完整的音响组合。迷你音箱是一款简单的有源音响，下面主要介绍迷你音响的构成、功能及工作原理，它主要是由 TDA2822 芯片所组成的集成功放电路构成。本身具有电源电压范围宽、静态功耗小、可单电源使用、价格低廉等优点，普遍用于家庭音响系统、立体声唱机等电子系统中，便于携带，适用性强。

一、概　述

1. 迷你音响的亮点

迷你音响一般使用方便、外观华丽，并且在外形上也比较统一、美观；使用时不需要很多的时间进行调试，一般可以直接使用，在操作上较为方便。在电路上，输入一个较小的音频信号经过电位器的调制，又通过 TDA2822 集成块的功率放大，经过 RC 回路的滤波选频，输出一个较大的可调音频信号。

2. 迷你音响的发展

从单一的收音机到现在的 CD、VCD、DVD、多媒体音响、GPS、车载多媒体终端等，迷你音响，正是适时而生，顺势而发，适应了市场变化的需求，顺应了时代的潮流。在这期间，迷你音响随着人们审美观念的变化、住房装修风格的变化、家居文化的变化，以及互联网信息时代新产品的出现等因素的变化，人们对音响的功能、款式、造型、色彩、体积等各个方面都提出了新的要求，而传统的音响难以适应这种特殊的要求。迷你音响的发展，正是由于需求变化和市场环境的变化，达到随需而变、随机而变的。

3. 音响的技术指标

音响系统整体技术指标性能的优劣，取决于每一个单元自身性能的好坏，如果系统中的每一个单元的技术指标都较高，那么系统整体的技术指标则很好。其技术指标主要有 7 项：频率响应、信噪比、动态范围、失真度、瞬态响应、立体声分离度、立体声平衡度。

（1）频率响应：是指音响设备重放时的频率范围以及声波的幅度随频率的变化关系。一般检测此项指标以 1 000 Hz 的频率幅度为参考，并用对数以分贝（dB）为单位表示频率的幅度。

音响系统的总体频率响应理论上要求为 20～20 000 Hz。在实际使用中由于电路结构、元件的质量等原因，往往不能达到该要求，但一般至少要达到 32~18 000 Hz。

（2）信噪比：是指音响系统对音源软件的重放声与整个系统产生的新的噪声的比值，其噪声主要有热噪声、交流噪声、机械噪声等。一般检测此项指标以重放信号的额定输出功率与无信号输入时系统噪声输出功率的对数比值分贝（dB）来表示。一般音响系统的信噪比需在 85 dB 以上。

（3）动态范围：是指音响系统重放时最大不失真输出功率与静态时系统噪声输出功率之比的对数值，单位为分贝（dB）。一般性能较好的音响系统的动态范围在 100 dB 以上。

（4）失真：是指音响系统对音源信号进行重放后，使原音源信号的某些部分（波形、频率等）发生了变化。音响系统的失真主要有以下几种：谐波失真、互调失真、瞬态失真。

二、核心元器件介绍

1. 电阻、电容和二极管的介绍

电阻的作用：串联分压，并联分流，也可以对电流起阻碍作用。主要参数有：① 标称阻值；② 额定功率；③ 允许误差。

电容的作用：电容器是一种能存储电能的元件。其特性是：通交流，隔直流，通高频，阻低频，有信号的耦合，交流旁路电流滤波，谐振选频等。标志方法：① 直接标志；② 文字符号法；③ 数字表示法；④ 色标法。检测用 R/1 kΩ 和 R/100 Ω 挡对其先进行放电处理，然后再进行测量。瓷介电容器（CC 型）在介质表面上烧渗银层作电极，其特点是结构简单，绝缘性好，但其机械强度低，容量不大，瓷介电容器适用于高频高压电路中和温度补偿电路。电解电容是氧化膜具有单向导电性和较高的介质强度，所以电解电容为有极性电容，长脚为正极，短脚为负极，一般情况下电解电容表面标有负极标志。电解电容在使用中一旦极性接反，则通过其内部的电流过大，导致其过热击穿，温度升高产生的气体会引起电容器外壳破裂。

二极管的作用：二极管具有单向导电性，具有 PN 结，也可以作为开关。发光二极管（LED）和普通二极管工作原理一样，正向电压发光导通，反向电压截止，在放置二极管时要注意正负极。

2. TDA2822 的介绍

TDA2822 是双声道音频功率放大电路；是一块低电压、低功耗的立体声功放。其中的主要部件为 TDA2822 集成芯片，工作电压宽，1.8~12 V 皆可以正常工作，其工作电压最高可以达到 15 V。输出功率有 1 W×2，不是很大，但可以满足我们一般的听觉要求，且有电路简单、音质好、电压范围宽等特点，采用双列直插 8 脚塑料封装（DIP8）。

（1）TDA2822 电路的特点。

电源电压降到 1.8 V 时仍能正常工作；交越失真小，静态电流小；可作桥式或立体声式功放应用；外围元件少；通道分离度高；开机、关机无冲击，无噪声。

（2）引脚排列情况。

如图 1 所示，1 脚、3 脚是左右输出通道，5 脚、8 脚是反相输入通道，2 脚、4 脚是正负电源通道，6 脚、7 脚是同相输入通道。

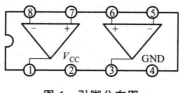

图 1　引脚分布图

三、电路的整体结构

1. 电路的工作原理

音频信号经 L-IN、R-IN 输入，输入的音频信号经过电位器，电位器是可变电阻的一种，电位器由滑动部分和固定部分组成，改变滑动部分位置就可改变电压大小，就可以调节音箱音量的大小。然后在 *LC* 串联回路的作用下滤除其外来的干扰信号，由电容阻止交流信号通过，最主要的部分是集成块 TDA2822 的作用，TDA2822 是音频功率放大器，是将输入进来的信号进行放大，图 2 为电路原理图，管脚 5、6、7、8 是输入端；管脚 1、3 是输出端；管脚 2 接电源；管脚 4 接地。管脚 1、3 输出放大后的信号，经过 *LC* 回路滤除杂波，电容阻止交流通过，因为喇叭不能接收交流信号，否则会烧坏喇叭。

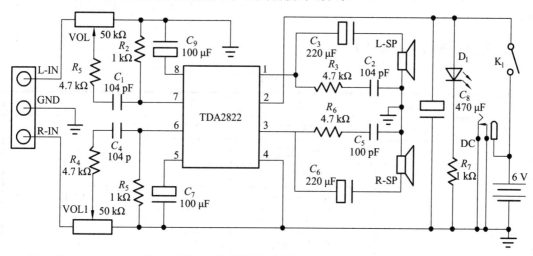

图 2　电路原理图（ADS-228）

2. 功率放大电路的工作原理

功率放大器，简称功放。很多情况下主机的额定输出功率不能胜任带动整个音响系统的任务，这时就要在主机和播放设备之间加装功率放大器来补充所需的功率缺口，而功率放大器在整个音响系统中起到了"组织、协调"的枢纽作用，在某种程度上主宰着整个系统能否提供良好的音质输出。当负载一定时，希望其输出的功率尽可能大，其输出信号的非线性失真尽可能小，效率尽可能高。图 3 是 TDA2822 在立体声中的应用。

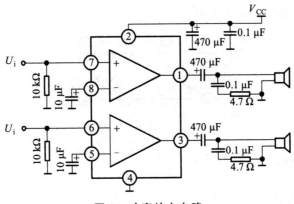

图 3　功率放大电路

四、安装与调试

1. 对元器件的前期准备

在拿到套件后，首先检查一下元器件是否与表 1 中的元器件清单相符，如清单给出的电阻阻值与色标是否相同，电容、电解是否相符，还有各种元器件的数目是否相等。这些都是最基本的检查工作。检查完后再用万用表检测各元器件的性能参数，与标准对照看是否完好。

2. 元器件清单（见表 1）

表 1　元器件清单

序号	名称	规格	用量	位号
1	线路板	ADS-228	1 片	
2	集成电路	TDA2822	1 块	IC1
3	发光二极管	3MM 绿色	1 只	D_1
4	电位器	B50K（双声道）	1 只	VR1
5	DC 插座		1 只	DC
6	开关	SK22D03VG2	1 只	K_1
7	电阻	4.7 kΩ	4 只	R_3、R_6、R_4、R_1
8	电阻	1 kΩ	3 只	R_2、R_5、R_7
9	瓷介电容	104 pF	4 只	C_1、C_2、C_4、C_5
10	超小电解电容	100 μF、200 μF	各 2 只	C_7、C_9、C_3、C_6
11	超小电解电容	470 μF/16 V	1 只	C_8
12	立体声插头		1 根	
13	喇叭	4 Ω 5 W	2 只	
14	电池片		1 套	

续表 1

序号	名称	规格	用量	位号
15	动作片		4 片	
16	排线	$\phi 1.0\ mm \times 90\ mm \times 2P$	2 根	SP+、SP-
17	导线	$\phi 1.0\ mm \times 60\ mm$	2 根	B+、B-
18	螺丝	M 2×6	10 粒	底壳、机板、动作片
19	螺丝	M 2×8	12 粒	喇叭座
20	说明书		1 份	
21	QC 贴纸		1 个	
22	胶袋		1 个	
23	塑胶		1 套	

3. PCB 焊接与安装

焊接是一项最重要的工序，为确保电路的导电性能良好，所以在焊接时注意以下几点：

（1）焊接时尽可能掌握好焊接时间，能快一些更好，烙铁头调整正确放置，这样避免焊接时碰到相邻的焊点（尤其是集成芯片），焊接的时间一般不能超过 3 s。

（2）元器件的装插焊接应遵循先小后大，先低后高，先里后外的原则，这样有利于装配顺利进行。

（3）在瓷介电容、电解电容安装时，引线不能太长，否则会降低元器件的稳定性；但也不能过短，以免焊接时因过热损坏元器件。一般要求距离电路板面 2 mm，并且要注意电解电容的正负极，以免插错。

（4）集成芯片 TDA2822 在焊接时一定要看清缺口方向，和电路板上缺口方向要一致，要弄清引线脚的排列顺序，并与线路板上的焊盘引脚对准，核对无误后，先对角焊接 1、8 脚，用于固定集成块，然后再重复检查，确认后再焊接其余脚位。焊接完后要检查有无虚焊，漏焊等现象，确保焊接质量。

（5）焊接完毕后，在接通电源前，先用万用表仔细检查各管脚间是否有短路、虚焊、漏焊现象。

焊接和安装时要注意对排线进行布线，减少跳线让电路看起来比较整齐。

4. 音乐的调试

首先查看音量开关，能正常转动。然后安装 4 节 7 号电池，再把制作好的音箱外接线插在端口为 $\phi 3.5\ mm$ 的插孔播放器（本次调试用的是手机的 MP3）上，把音箱开关推至 ON 可以听到 MP3 里播放的音乐。如果发现声音有异常，时有断续，则重新打开外壳，仔细检查喇叭线，并加以修正。修正好之后接上音乐信号源，试听音量和音调电路对音乐的调节效果。调节开关能够听到高提升和低音调的声音有明显的衰减，则调试成功。

参考文献

[1] 何道清. 传感器与传感器技术[M]. 2 版. 北京：科学出版社，2008.

[2] 陈有卿. 新颖集成电路制作精选[M]. 北京：人民邮电出版社，2005.

[3] 张沪光. 常用电子元器件使用技巧[M]. 北京：机械工业出版社，2005.

[4] 李建民. 模拟电子技术基础[M]. 北京：清华大学出版社/北京交通大学出版社，2006.

[5] 徐旻. 电子基础与技能[M]. 北京：电子工业出版社，2006.

[6] 胡斌，胡松. 电子电路分析方法[M]. 北京：电子工业出版社，2006.

[7] 苏士美. 模拟电子技术[M]. 2 版. 北京：人民邮电出版社，2010.

[8] 眭玲. 电子技术基础[M]. 合肥：安徽科学技术出版社，2008.

[9] 邱丽芳. 模拟电子技术[M]. 北京：科学出版社，2008.

[10] 华成英，童诗白. 模拟电子技术[M]. 4 版. 北京：高等教育出版社，2006.

[11] 季顺宁，李玲. 电路与电子技术[M]. 西安：西安电子科技大学出版社，2009.